食的
配方×技巧×烹調原理
全圖解

ロジカル和食

日式家常菜的美味科學

前田量子

前言

你是不是有三兩下就能變出咖哩飯或義大利麵，遇到日式照燒、醬煮和燉菜時卻拿不定主意，感覺日式料理不但步驟繁雜又耗費時間？

事實上並非如此，而且完全相反。

和食（日式料理）其實很簡單。

舉和食的基本功「Sa-Si-Su-Se-So」為例，不僅對應到砂糖（さとう）、鹽巴（しお）、醋（す）、醬油（醬油）和味噌（味噌う）等簡單的調味料，也代表了調味料的添加順序，從現代烹飪學的觀點，也印證了祖母的智慧其實很「科學」！

此外，在和食裡也可看到8：1：1或15：1：1等調味比例的指示，計算已盛盤的菜肴鹽分濃度後可發現

大約是 1%。

跟「感覺美味的鹽分濃度大約是人體血液濃度①」的科學觀點一致。

許多人敬而遠之的日式魚類料理比肉類的蛋白質更容易熟透，只要加熱 5 至 10 分鐘就能上桌，實為超快速料理。

越是深入其中，就越能知曉和食其實很「合理」。本書配合現代食材和廚房設備，透過烹調的科學觀點，對代代相傳的和食烹飪技巧來場溫故知新的解說，讓讀者能像前一本著作《沒有配方一樣能煮得好吃 料理的科學文法》（誰でも 1 回で味が決まるロジカル調理）一樣，從一道又一道的料理中學得和食的基本技巧。

希望這本書能為你的廚藝加分！

① 人體體液中氯化鈉的濃度為0.9%。

前田量子 管理營養師

CONTENTS 目錄

了解經典料理的訣竅和為什麼要這麼做時，就能讓廚藝更上一層樓

解說 和食烹飪科學 的課程

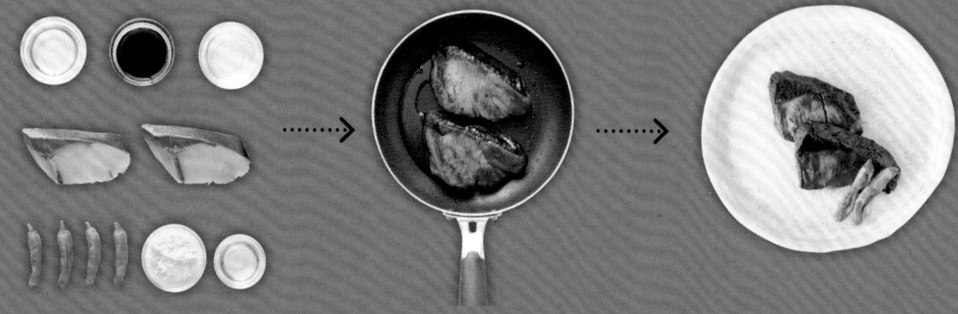

本書從主菜、配菜和米食等類別當中挑選出日本家庭餐桌上常見的和食料理做介紹，尤其針對魚類料理的照燒、鹽燒和乾燒等，透過不同的觀點加以講解。跟大受好評的前作《沒有配方一樣能煮得好吃 料理的科學文法》一樣，設定每種料理美味上桌的目標，用烹飪科學的觀點解說如何達到目標，並配合照片圖解步驟，引導讀者在下廚的過程中學得烹飪的理論。

使用本書時需要具備的前提認知

* 1 小匙容量為 5ml，1 大匙為 15ml。
* 溫度和燒烤的時間因機種和使用年數不同而有所差異，需視情況調整。
* 本書省略清洗蔬菜和削皮等步驟。
* 使用昆布和柴魚片萃取的日式高湯（參見第 22 頁）會因昆布種類呈現不同的鹽分濃度。若感覺本書裡用到日式高湯料理的口味有點重，請減少食鹽或醬油的用量。
* 重量單位為 g（公克），容量單位為 ml（毫升）。
* 每種調味料的比重不同，容量不必然等同重量（參見第 110 頁）。本書以容量計量調味料，以「醬油：味醂：清酒＝ 1：1：1」的方式來標示調味料的使用容量比例。
* 本書用來調味的酒，是不含鹽分的清酒，而非料理酒（含鹽）。
* 基本上使用的平底鍋為氟素樹脂塗層加工者。

① 最棒的和食

case study #001

照燒鰤魚

很適合下飯，也常被拿來帶便當。這道菜凝聚了魚類料理的基本功，一旦掌握其做法，肯定能提升和食烹飪技巧。

※鰤魚又名青甘鰺，是鱸形目鰺科的海產魚，以冬季帶脂的冬鰤最美味。

配菜除了辣椒（跟魚一起照燒），也可選用菇類或長蔥等。

盛盤前的 memo

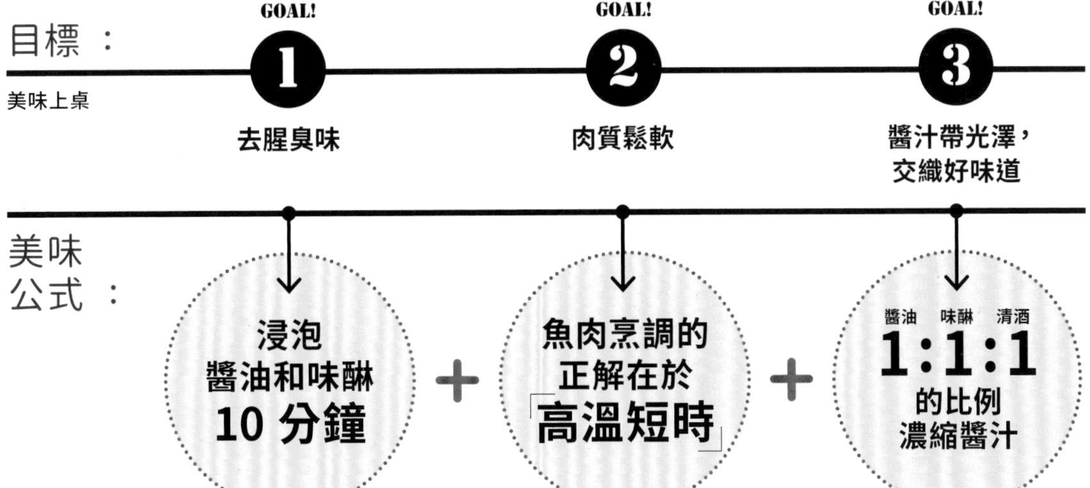

魚腥味生成的主因來自於魚肉被細菌分解產生三甲胺。**該氣味物質為水溶性，用食鹽或醬油等含鹽的調味料浸泡後，可在水分因滲透壓而流出的同時一起排出。**此外，醬油也具有遮蔽臭味的效果。

魚肉的蛋白質成分多在加熱到45～60℃就會變性或凝固（變熟），**比一般肉類更快煮熟，在50℃左右最柔軟**，之後隨溫度上昇而變硬，因此要用大火在短時間內煎煮。火候不足，等煎出金黃色表面時，魚肉也變得乾硬。

美味照燒醬的比例是醬油、清酒和味醂的分量相等，喜歡口感甜一點的，可添加0.5分量的糖（在本例為1小匙）。**照燒之所以能為食物增添光澤，答案出在調味料裡的醣分。**把原本流動性高的醬汁熬煮到102℃時，會變成滑溜帶有光澤的濃稠狀。

材料 ：
2人份

鰤魚（切片）	2～4片（200 g）

＊冬季的魚貨切片較大（約100g）只需2片。切片小的情況下為4片。

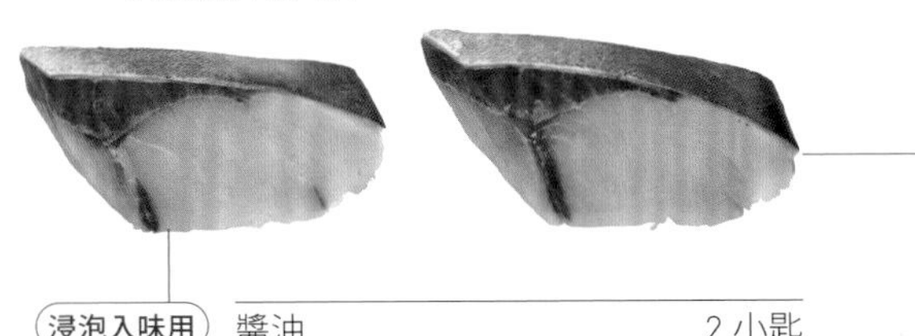

浸泡入味用

醬油	2小匙
味醂	2小匙

低筋麵粉	1大匙多一點（12 g）
沙拉油	1大匙

醬油	2小匙
味醂	2小匙
清酒	2小匙

事先調和

事前準備

把魚肉和浸泡入味用的調味料一起放進塑膠袋裡，擠出空氣，綁好開口，靜放10～15分鐘。

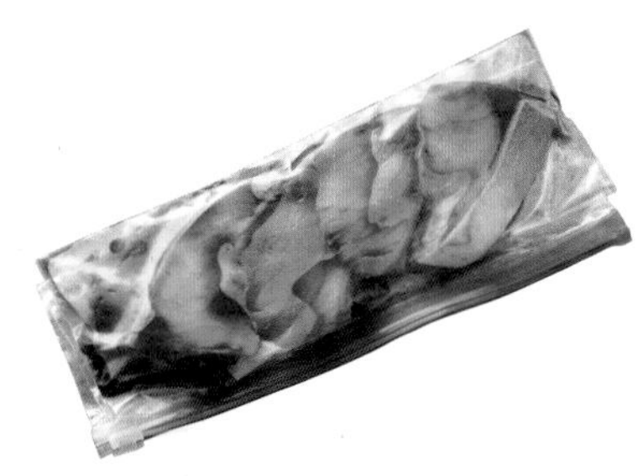

浸泡時間以10～15分鐘為適，過長反而會導致不必要的水分流失，使得肉質在加熱後變得乾硬。

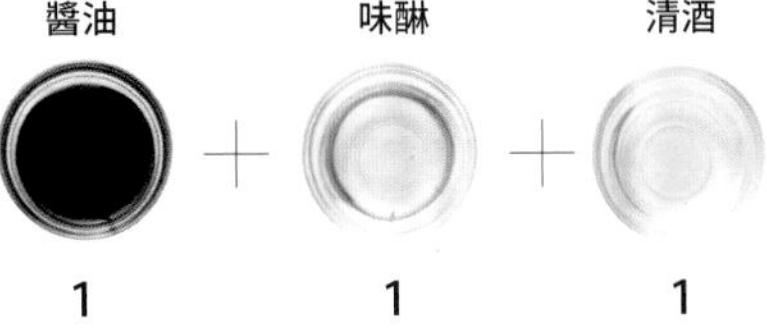

作法：

1 確實擦去魚肉表面的調味料，抹上一層薄薄的麵粉。

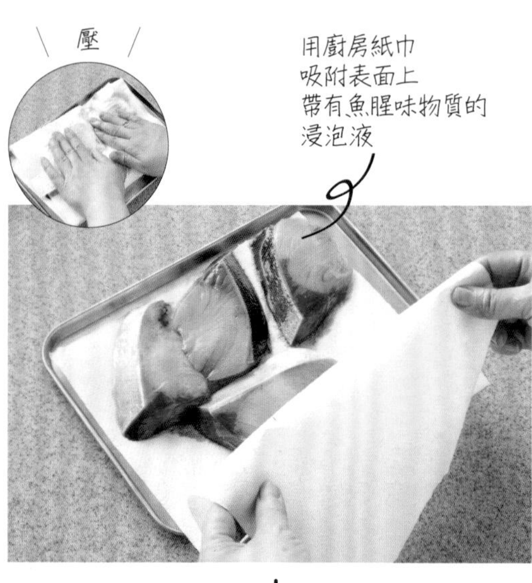

↓

魚肉全面沾粉，
再用手拍去多餘
的麵粉

沾低筋麵粉的目的是在表面形成一層薄膜，煎出金黃色效果，亦能在加入照燒醬時發揮黏糊的作用，沾附醬汁。

2 在平底鍋內倒油，熱鍋。放進魚肉，用中大火煎煮兩面。

大火 ⇒中強火  預熱 1 分鐘⇒ 1 分 15 秒⇒
翻面加熱 1 分鐘

配菜用的
蔬菜填放在縫隙中，
一起烹煮

↓

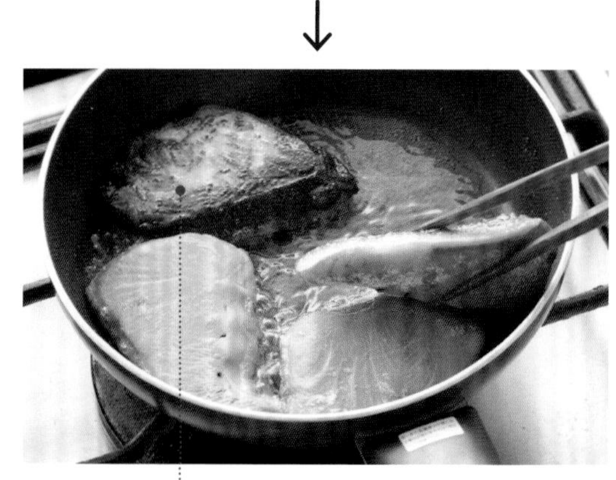

魚肉在50°C左右最柔軟，加熱途中若要移動需注意。翻面時也要確認貼著鍋底的那一面是否已經煎出金黃帶焦的顏色。

3 用廚房紙巾吸除多餘的油脂，倒入事先調好的醬汁。

關火

用廚房紙巾吸附煎煮用的沙拉油

↓

一開始就放入調味料是導致燒焦的原因，等肉煎到7分熟了再倒入醬汁。在還不很熟悉這道菜的時候，可先關火再倒入醬汁，也能避免焦黑。

4 轉大火，加熱 30 秒後翻面，再加熱 30 秒。轉中～中弱火，煮到醬汁剩 1/2 左右。

大火 30 秒 ⇒ 翻面後 30 秒

↓ 根據醬汁的量、氣泡的狀態和濃稠度來判斷關火的時間！

等醬汁的量減少到剩下約1/2，變得濃稠且白色氣泡成了棕色泡沫時即可關火。

均衡營養的膳食範例

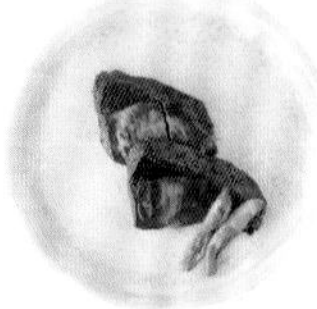

照燒鰤魚

＋

豬肉湯

參見第 23 頁

＋

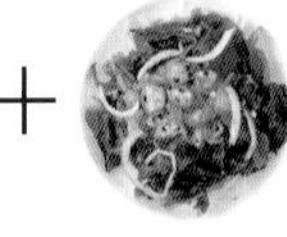

海帶芽（裙帶菜）沙拉

case study #002

厚燒蛋卷

即使放涼仍感覺口感綿密，具有適合拿來帶便當的甜美滋味。要捲出四面方整的蛋卷需要有玉子燒專用鍋，氟素樹脂塗層加工材質好用，保養起來也很方便。

盛盤前的 memo

分切蛋卷，盛放在有青紫蘇裝飾的盤中，一旁綴上蘿蔔泥佐料。可根據喜好淋點醬油在蘿蔔泥上。

目標：

美味上桌

綿密滑潤的口感　｜　均勻受熱　｜　不乾硬鬆散

美味公式：

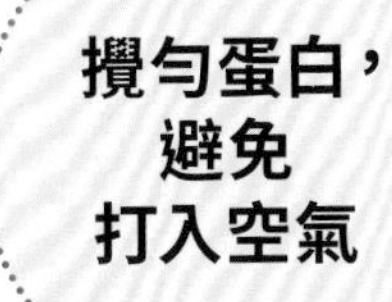

攪勻蛋白，避免打入空氣 ＋ 分數次倒入蛋汁，使用高溫短時烹調 ＋ 不可過熱。在蛋汁裡加糖

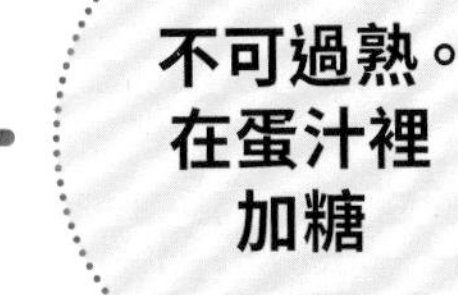

蛋黃和蛋白的煮熟溫度不同，蛋白在68～70℃時呈凝中帶軟的狀態，溫度升到80℃時便完全凝固。蛋黃在63℃開始凝固，到了70℃呈半熟，75℃為完全凝固。為了均勻受熱，需完整打散蛋白，與蛋黃溶合在一起。此外，打蛋時也要避免打入空氣，才不會在加熱過程中產生氣泡，有損表面光滑。

在鍋中一次倒進全部的蛋汁會產生表裏溫差，導致凝固狀態不一。為確保均勻受熱，分成數次倒入蛋汁。以13×18cm的玉子燒專用鍋來說，每次倒入的分量為1勺（70～100ml）。文火加熱會因時間拉長，造成不必要的水分蒸發，讓口感變得乾硬鬆散，需用高溫（180℃）做短時間加熱。

蛋在加熱超過80℃之後，蛋黃和蛋白會失去彈性，變得乾硬。**蛋汁在鍋中散開後不出數秒就能煮熟，需注意加熱時間。**在蛋汁表面出現光澤時開始做捲的動作。此外，在蛋汁裡加糖，有助於保濕、防止乾燥，就算放涼了仍能維持滑潤的口感，適合帶便當。

材料：

1個玉子燒專用鍋份量

雞蛋		3個
A	日式高湯	30 mℓ
	味醂	2小匙
	砂糖	1⅔大匙（15g）
	醬油	少許（不加亦可）
	鹽	少許（不加亦可）
沙拉油		1大匙

事前準備

打蛋。用筷子把蛋打散，不要打進空氣。

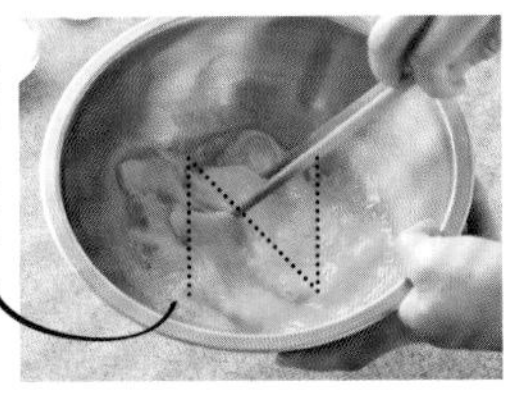

訣竅在於，在筷子碰觸到調理盆盆底的情況下做Z字型攪拌。

加入**A**之後做相同攪拌。

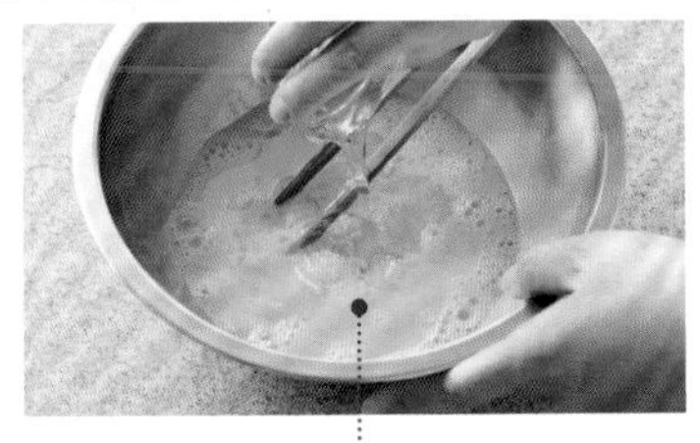

在煎煮的過程中水分會蒸發，加入調味料和高湯是為了補充水分。

作法：

1

預先將玉子燒專用鍋加熱，倒入沙拉油，用廚房紙巾抹勻，讓鍋子吃油，倒出多餘的油。

預熱（中強火）　預熱 1 分鐘

吸附沙拉油的紙巾之後還會用到，不要丟掉。

↓

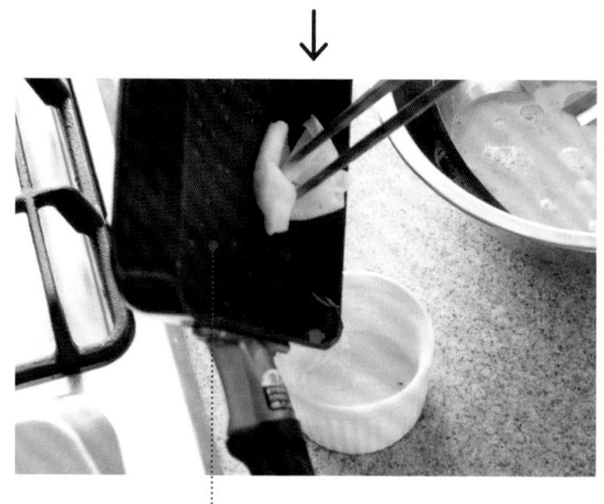

在鍋子不夠熱的情況下倒入蛋汁，不但容易沾鍋，也讓等待凝固的時間變長。水分過度蒸發是導致口感乾硬的原因，所以要確實熱鍋。讓鍋子吃油也有助於預防燒焦。

2

在鍋中一邊倒入 1 勺（約 70ml）的蛋汁，一邊轉動鍋子，讓蛋汁均勻分布。在表面變乾之前，從較遠的那端向自己的方向捲 2～3 層。

中強火 ⇒ 把鍋子移開火源　10 秒（加熱）⇒ 30 秒（捲蛋）

↓

在表面仍有液態殘留的情況下停止加熱

捲的時候把鍋子從火上移開，將鍋子稍做傾斜也比較好捲。

↓

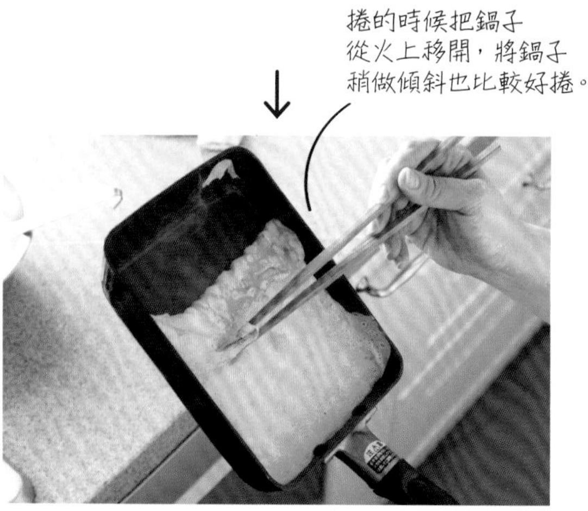

3 再度把鍋子移回火上，用廚房紙巾在鍋面抹油，整面都要吃到油。

中強火　15 秒

最初捲的部分是厚燒蛋卷的最內層，捲幅過寬會讓蛋卷不夠高，過窄又會導致厚度和寬度不勻稱，以5cm左右為佳。

↓

把蛋卷移到後方，露出的前方鍋面也要抹油

4 再度於鍋中一邊倒入 1 勺的蛋汁，讓蛋汁均勻布滿鍋面，跟 2 一樣捲蛋。其餘的蛋汁也比照辦理。

中強火 ⇒ 把鍋子移開火源　10 秒（加熱）⇒ 10 秒（捲蛋）× 2～3 次

用筷子翻開蛋卷下方，讓蛋汁流入

重複2～3次相同動作

蛋卷變厚時，可用插筷的方式捲動

日式高湯蛋卷

用相同做法挑戰更高層級的蛋卷

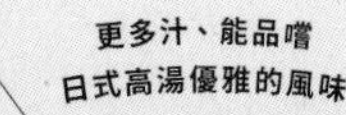

更多汁、能品嚐日式高湯優雅的風味

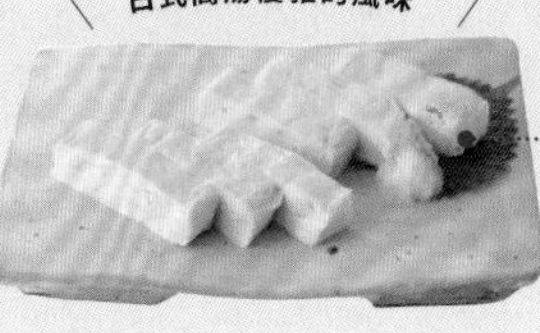

材料 ： 1 個玉子燒專用鍋份量

雞蛋		3 個
A	日式高湯	45～75 mℓ
	味醂、糖、薄口醬油	各 ½ 大匙
	鹽	少許

高湯用量增加＝水分變多，不易凝固，提高烹調難度。不妨先從3大匙的蛋汁起步。

case study #003

筑前煮

和風燉煮料理的代表。利用烹調科學，花點時間施展技巧，創造不輸給店家的美味。
當成常備料理或是拿來帶便當也很合適。

上桌前添上2～3根四季豆也不錯。四季豆用熱水燙2分鐘，切成3cm的長條狀。

盛盤前的 memo

目標：
美味上桌

美味公式：

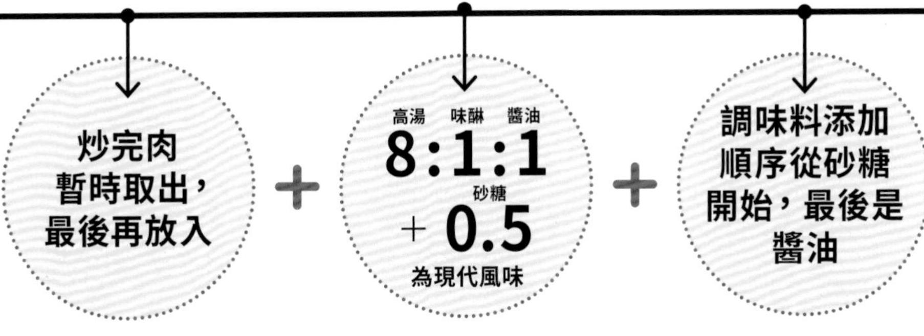

雞肉加熱到65℃即熟②，跟蔬菜類一起高溫熬煮的話肉會變老、失去口感。為了留住美味成分，在表面稍微變熟之後暫時取出，等菜類變軟了再放入一起熬煮，如此可確保雞肉和蔬菜都軟得恰到好處。**蔬菜類在溫度超過90℃之後就會變軟**，可配合烹調時間先行燙過。

傳統的「八方高湯」調味比例為「高湯8：味醂1：醬油1」，但**現代人多半喜歡加糖後帶點甜的味道。**料理的鹽分濃度約1%，跟八方高湯一樣，但糖度③多了約15%。**砂糖有助於保水，能讓肉質變得溫潤可口。**

鹽的分子量小於糖，更容易滲透到食物裡，因此要先放糖來調整浸透的速度、均衡味道。**醬油和味醂含有豐富的揮發性芳香成分**，留到後面再添加不損其風味，這正是和食基本功「Sa-Si-Su-Se-So」的道理。

② 日本厚生勞動省建議，為避免食品中毒，調理時應在食物中心溫度達75℃後持續加熱1分鐘以上。此處因雞肉之後還會繼續燉煮故不影響食用安全。

③ 糖度不等同甜度。糖度越高不代表越甜，例如，檸檬的糖度跟草莓相近為10度，但少有人用「甜」來形容檸檬的味道。

材料：
2～3人份

雞肉（炸雞用的肉塊）	250g

芋頭	2個（120g）
蓮藕	½節（80g）
水煮竹筍	¼根（80g）
紅蘿蔔	⅕根（40g）
牛蒡	¼根（40g）
香菇	3朵
蒟蒻	⅙片（40g）

胡麻油	1大匙

日式高湯	240mℓ
砂糖	1大匙
味醂	2大匙
醬油	2大匙

去柄，將刀子稍微放平，以斜切的方式切半
香菇

切成不規則形狀的一口大小
水煮竹筍

磨除表皮，洗淨後切成不規則形狀的一口大小
牛蒡

切成不規則形狀的一口大小
芋頭　紅蘿蔔　蓮藕

用手撕成一小口塊狀
蒟蒻

作法：

1 竹筍和蒟蒻用熱水燙 1 分鐘後取出，接著放入牛蒡滾 2 分鐘，置於濾網。

 大火 ⇒ 中火　水滾 ⇒ 1 分鐘 ⇒ 2 分鐘

↓

竹筍和蒟蒻要先燙過是為了去除澀味和特殊的味道。質地較硬的牛蒡先燙過，其他蔬菜就不會為了等牛蒡熟而煮太久、變得太軟爛。

2 在鍋內倒入胡麻油加熱，放進雞肉炒 1～2 分鐘後取出。接著放入剩餘的食材炒 2 分鐘。

 中強火　1～2 分鐘 ⇒ 2 分鐘

雞肉炒到表面微帶金黃時即可取出

↓

用油炒菜可防止蔬菜裡的果膠物質流出。果膠（pectin）是連結細胞的物質，當溫度超過 80℃就會軟化，溶於水中。油脂可包覆蔬菜表面，防止食材煮到稀爛。

3 倒入高湯、味醂、砂糖，沸騰後除去浮泡。覆上內鍋蓋（參考第 108 頁），蓋好外鍋蓋，轉中弱火煮 10 分鐘。

 中強火 ⇒ 中弱火　　煮到水滾 ⇒ 10 分鐘

↓

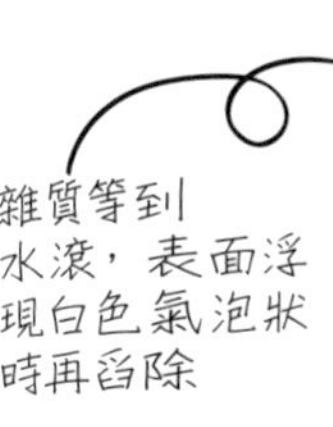

↓

內鍋蓋的作用是讓滾燙的湯汁可以沿鍋蓋內側向四方擴散，促進對流，避免加熱不均的情況發生，讓所有食材都能入味。此外也能防止水分蒸發和風味逸散。

4 把雞肉放回鍋內，倒入醬油，蓋鍋轉中弱火煮 10 分鐘。增強火候，一邊煮稠醬汁，一邊輕輕攪拌食材。

 中弱火 ⇒ 中強火　　10 分鐘 ⇒ 4 ～ 5 分鐘

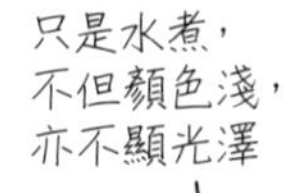

↓

等醬汁煮到剩1/2以下，白色泡沫就會變成棕色，輕輕攪動，讓食材蘸上濃稠的醬汁。

作法：

1 在鍋中倒入使用分量的水，放進昆布後開中火。待鍋底開始冒出小氣泡(60～65℃)，轉小火煮 10 分鐘。

中火 ⇒ 小火  加熱到 65℃ ⇒ 10 分鐘

使用軟水（日本自來水為軟水⑤）。有實驗指出，礦物質成分多的硬水裡所含的鈣、鎂等元素會阻礙食材美味成分的萃取，不適合用來製作日式高湯。

↓

理想的狀態是用溫度計測量水溫，在 65℃的狀態下維持 10 分鐘

使用浸泡（1小時以上～1晚）的方式萃取昆布美味成分時，可省略前述加熱的步驟。

2 轉中火提高溫度，在沸騰前(90℃) 取出昆布。

中火 直到沸騰前（90℃）

可能的話用溫度計測量水溫，在 90℃時取出昆布。

↓

想確認昆布的精華是否已溶入水中，可以在厚實的部分用筷子稍微劃一下，留下痕跡的話就表示OK。若昆布還是很硬，可在鍋中倒入少量的水，以小火多煮2分鐘左右，再視情況而定。

⑤ 台灣訂定飲用水水質標準總硬度與日本相同，皆為300 mg/L（經濟部台灣自來水公司，2021/11/01）。

3 用中火煮到沸騰，把柴魚片全部放入，立即關火。靜待約 1 分鐘等柴魚片完全沒入水中，濾湯。

中火 ⇒ 關火　　沸騰 ⇒ 靜置 1 分鐘左右

↓

除非有必要，像是有白色浮泡出現時才需要舀除，否則就耐心等候柴魚片沒入水中

↓

只用濾網可能會讓細碎的殘渣掉入高湯裡，可先在濾網裡面鋪上一層厚的不織布材質廚房紙巾當作濾紙。紙巾過薄的話，會在中途破裂或溶化。

簡略的日式高湯做法

使用附有網眼較小的濾網（最好是非金屬製）的茶壺（高湯專用或是花草茶用），在濾網裡放入昆布和柴魚片，注入熱水等到放涼即可泡出口感清爽的美味高湯。

材料：完成的分量是 450 mℓ

昆布	5 ～ 10g
柴魚片（高湯用）	10 ～ 20g
熱水	500 mℓ

切成小片↓

作法：

1

在茶壺的濾網裡依序放入切成小片的昆布、柴魚片。

2

注入熱水。

3

蓋上蓋子等到放涼。

＊若要放進冰箱保存，需倒除濾網裡的食材，只留下高湯，並在 2 ～ 3 天內用完。

注入約90°C的熱水等候放涼的方式，先是用熱水萃取出柴魚片的美味成分，再等候昆布的精華慢慢溶入水中，剛好跟用水煮萃取精華的步驟相反。

作法：

1 在鍋中熱油，翻炒豬肉。等肉的顏色起變化，放入長蔥以外的食材，轉中火翻炒。

 大火 ⇒ 中火　2 分鐘

蔬菜應儘量從硬的食材炒起，這樣比較有效率。

2 倒入高湯，轉大火，水滾後舀除浮泡。加鹽，轉中弱火，蓋上鍋蓋煮 30 分鐘。

大火 ⇒ 中弱火　煮到沸騰 ⇒ 30 分

＊ 3 人份以上的話，每人多加 150ml 的高湯和味噌 12g 即可

30 分鐘

3 放入長蔥煮 1 分鐘。關火，舀取高湯攪散味噌，倒回鍋中。開火，在沸騰前關火。

中火 ⇒ 關火⇒中火　1 分 ⇒關火 ⇒ 直到沸騰之前

↓

味噌的芳香來自熟成之際麴菌分解糖所產生的酒精成分等，在溫度超過90℃時會揮發。放入味噌之後得在沸騰前的90～95℃時關火，不可煮到沸騰。

②

主菜•副菜
飯•麵

case study #007

炸豬排

肯定有不少人認為自己做炸豬排是件難事，不是扭曲變形、過於油膩，再不就是肉質過於乾硬。本篇目標在於掌握訣竅，做出不輸給店家的美味炸豬排。

擺上高麗菜絲、放幾塊切成弧型塊狀的蕃茄和檸檬。食用時淋上醬汁。

盛盤前的 memo

目標：美味上桌

GOAL! **1** 不扭曲變形

GOAL! **2** 麵衣酥脆

GOAL! **3** 肉質多汁

美味公式：

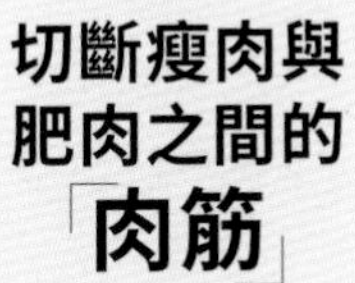

切斷瘦肉與肥肉之間的「肉筋」 ＋ **下鍋油炸前才沾麵包粉** ＋ **油溫 170°C 兩面共炸 3 分鐘**

加熱會導致動物性蛋白質變性緊縮，**而且肉筋的收縮率高於瘦肉，若不事先加以處理，下鍋油炸後會因激烈收縮，造成肉塊變形。**用菜刀或廚房剪刀把存在瘦肉與肥肉之間的肉筋切斷，於每3～4cm處入刀斷筋。

想要炸出酥脆的麵衣，關鍵在於油炸時食物內的水蒸氣要能穿透麵衣間的縫隙。過早沾粉，會讓麵包粉有充足的時間吸收水分和濕氣，膨脹而堵塞水蒸氣的出口。使用乾燥麵包粉能炸出爽脆的口感，想要達到多汁的效果，可用吸油率高的生麵包粉（新鮮麵包粉）。

入鍋時油溫偏低，不僅炸不出脆衣，也容易導致麵衣剥離。**酥脆的麵衣始於入鍋之初浮現的大量氣泡，能讓麵包粉立起**，以170℃左右的高溫為佳，但要掌控好時間才不會因為炸過頭導致肉質變硬。一般市售炸豬排的肉片厚度約1.5cm，用170℃兩面油炸約3分鐘即熟。

材料：2人份

里肌肉（炸豬排用）	2片（每片約 150g）
鹽、胡椒	各少許
低筋麵粉	1 大匙
雞蛋	½ 個
麵包粉	1 ½ 杯
油炸油（選用沙拉油等無特殊味道的油）	分量為距鍋底 5cm 以上的高度

事前準備

使用廚房剪刀，可精確裁斷定點的肉筋部分，減少不必要的肉質損傷。

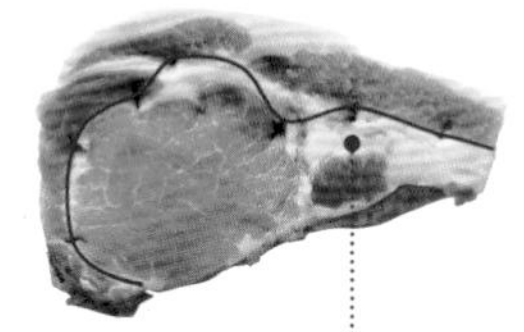

沿脂肪線確認肉筋的位置，一般是在與瘦肉的交界處，於每3～4cm處入刀斷筋，約有7～8處。

作法：

1 使用擀麵棍或肉錘輕拍肉片，再回復原狀。撒鹽和胡椒。

↓

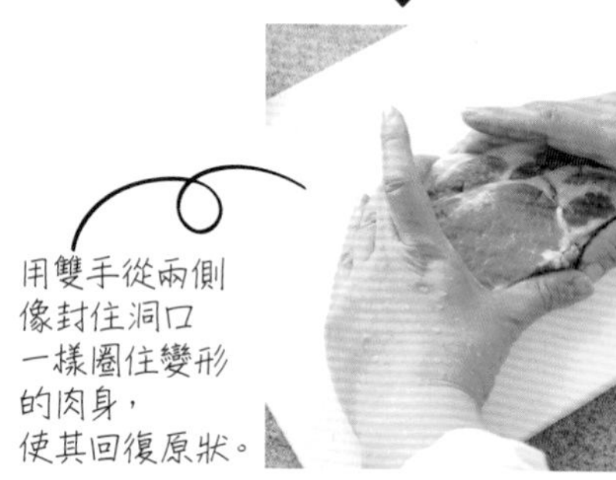

用雙手從兩側像封住洞口一樣圈住變形的肉身，使其回復原狀。

↓

調理後的肉片會縮水20%，加上蘸醬食用的關係，入味用的食鹽用量控制在肉片重量的0.2～0.4%即可。單片150g的情況下，用量為0.3～0.6g。0.5g為「少許」，大約是以兩指抓取的量。

2 在肉片上撒一層薄薄的麵粉，沾黏蛋汁後沾裹麵包粉。

麵粉有吸收食材水分、幫助蛋汁附著的效果。沾黏麵粉的蛋汁，除了發揮附著麵包粉的黏著劑作用，也能增添風味、口感與色澤。

使用麵粉篩過篩撒粉，拍除多餘的麵粉。

↓

撒上大量的麵包粉，手壓使其確實包裹住肉片。

3 在平底鍋內倒油，開中火加熱到 170°C。放入 2，轉中弱火油炸 2 分鐘，翻面再炸 1 分 15 秒。

大火（加熱到 170℃）⇒ 中弱火　 2 分鐘 ⇒ 翻面 1 分鐘 15 秒

為了便於掌控油溫，油的用量至少要距鍋底約 5cm高。至於鍋子的大小，只要口徑大到可以放入豬排即可。

使用調理用溫度計能正確測量加熱的溫度

放入食材後冒出的大量氣泡是食材本身受熱逸散而出的水蒸氣。水蒸氣的冒發正是讓麵包粉立起、讓麵衣變得酥脆的關鍵，在氣泡大量冒出期間不宜翻動食材。

約莫2分鐘後，趁氣泡略微減少之際將豬排翻面。

隨食材內的水分蒸發，油脂滲入其中，比重變輕而浮於表面之時，為可起鍋的徵兆。

均衡營養的膳食範例

炸豬排
（附高麗菜絲）

＋

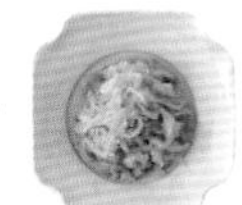

燉煮蘿蔔絲

參見第 70 頁

＋

裙帶菜豆腐味噌湯

case study #008

日式滷肉（豬肉角煮）

本篇的目標在於做出用筷子輕輕一撥即可劃開，濃稠且入口即化的滷肉（角煮）。調味用的是常見的八方高湯比例，色淺卻能隨時間深層入味，也適合做起來放著備用。

盛盤前的 memo

盛盤時附上溏心蛋（做法參考次頁）。蛋黃呈半熟的狀態下，用「線」切劃能分切成美麗的兩半，最後擺上燙過的小松菜。

目標：

美味上桌

美味公式：

＋

加熱後用塑膠袋裝起，放入冰箱冷藏

＋

肉先用水煮過再用醬汁燉煮

動物性脂肪是主由脂肪細胞堆積成的一種結締組織，而構成結締組織的主要成分為膠原蛋白（collagen）等。**膠原蛋白加熱超過70～80℃才會軟化變成膠質**（gelatine），考慮到瘦肉滲出肉汁（水溶性蛋白質）的溫度為65℃，**要在此溫度下分解膠原蛋白，需要長時間的燉煮。**

經長時間水煮的五花肉，脂肪因膠原蛋白分解而溶於湯汁。**豬油具凝固的性質（33～46℃）**，而且越低溫越是如此，正可利用此一特性將煮過的五花肉連同湯汁一起裝進塑膠袋裡，冷藏後便可簡單分離肉、脂肪與湯汁。這是因為塑膠袋的聚乙烯成分具有跟油脂類似的化學結構，能吸附油脂。

在脂肪溶化流出之後，肉的內部形成許多空洞，可讓醬汁的調味料成分滲入其中，但在冰冷的狀態不容易入味，這時可與醬汁一起加熱，讓湯汁與醬汁產生對流，唯要注意高溫滾燙會讓肉質變老，需用小火把溫度控制在70～80℃之間。

材料：

容易製作的分量（約4人份）

材料	分量
五花肉（塊狀）	500 g
生薑	20 g
長蔥的綠葉部分	1 根

水＋酒（清酒）的分量要蓋過肉的高度，水和酒的比例為 3：1

＊以口徑 18cm 的鍋子來說，水加酒大概要 900ml。這時可以水 675ml ＋酒 225ml 為調整的基準。

	材料	分量
A	水煮豬肉的湯汁	240 mℓ
	醬油	2 大匙
	味醂	2 大匙

太白粉水（2 小匙太白粉加 2 小匙水調勻）

［溏心蛋］

	材料	分量
	雞蛋	2 個
B	高湯	30 mℓ
	醬油	1 小匙
	味醂	1 小匙

＊高湯、醬油和味醂的比例為 6：1：1

作法：

1 在蛋殼下方用針戳個孔，置於滾沸的水中煮 7 分鐘。取出，在冷水中放涼，剝殼（p.61 參照）。

2 放進塑膠袋裡，倒入 B，封住袋口，靜置一晚。

作法：

1 把肥肉部位朝下放置，開中火煎 3 分鐘。翻轉不同面，各煎 30 秒～1 分鐘。

 中火 3 分⇒其餘 5 個面各是 30 秒～1 分鐘

肥肉面煎約 3 分鐘

↓

翻面煎
1 分鐘左右

側面各煎
30～40
秒

↓

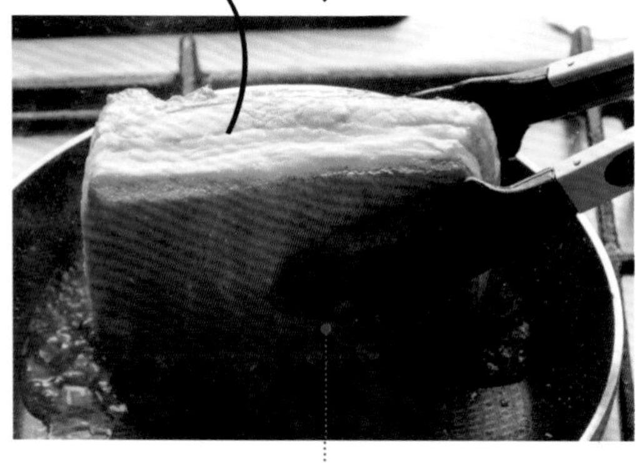

煮肉前先煎過可在表面形成金黃色澤、增添香氣，也能多少去掉多餘的油脂，縮短燉煮的時間。

2 把肉放進鍋中，倒入水、酒、生薑和長蔥，開大火。水滾後轉小火，覆上內鍋蓋→外鍋蓋，燉煮 3 小時。

 大火⇒小火⇒關火 煮到沸騰⇒3 小時⇒放涼

把成塊的肉放下去煮，能減緩肉汁流出的速度，預防肉質老化。倒酒一起煮是因為酒精成分具保水的作用，有助於烹煮出滑潤的口感。水酒的比例以3：1為佳。

↓

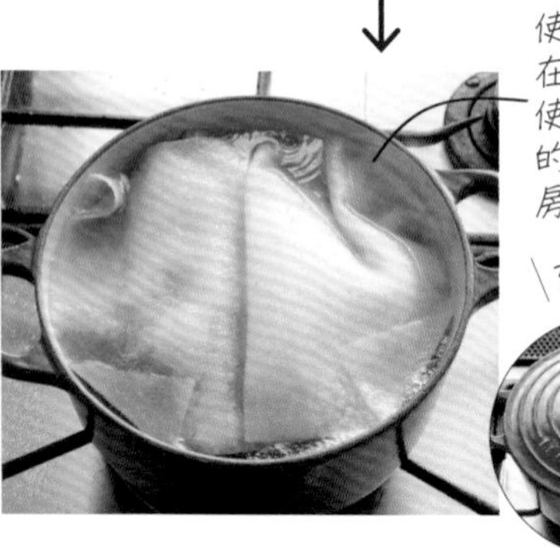

使用內鍋蓋的目的在於保濕。建議使用能吸附湯汁的不織布材質廚房紙巾

\3 小時/

若湯汁在中途燒光了可加水（熱水）續煮。

↓

煮 3 小時後的狀態。關火放涼。

3 放涼後把肉和湯汁倒進塑膠袋裡，綁好袋口，在冰箱的冷藏室放一晚。除去浮在表面的脂肪。

↓ \ 一晚 /

↓

脂肪比水輕會浮在表面，附著於塑膠袋上方。這時只要剪開袋子底部就能把湯汁倒在鍋裡，取出肉塊，把脂肪留在袋子裡，處理起來也很方便。

4 把肉切成 4 等分，跟 A 一起用小火煮 20 分鐘。關火靜置 10 分鐘後取出肉片，倒入調勻的太白粉勾芡水。

中火 ⇒ 小火 ⇒ 關火 ⇒ 中火

煮到沸騰 ⇒ 20 分 ⇒靜置 10 分鐘後倒入太白粉水 ⇒ 1 分鐘

把水煮過的豬肉切片放入鍋中，倒進（3）的湯汁達肉的七分滿，再倒入調味的醬油和味醂，分量各是湯汁的12.5%。

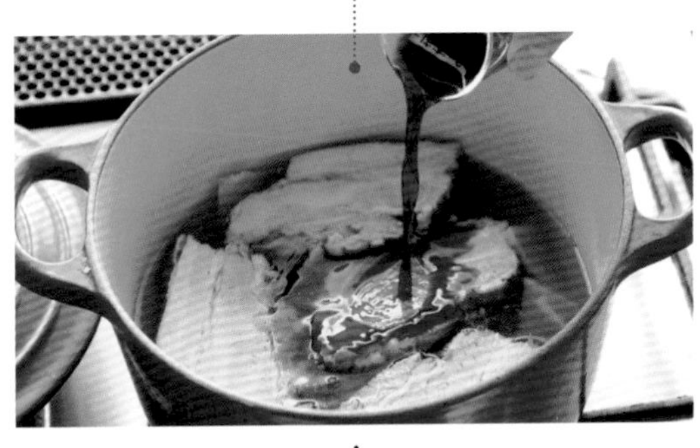

↓

↓

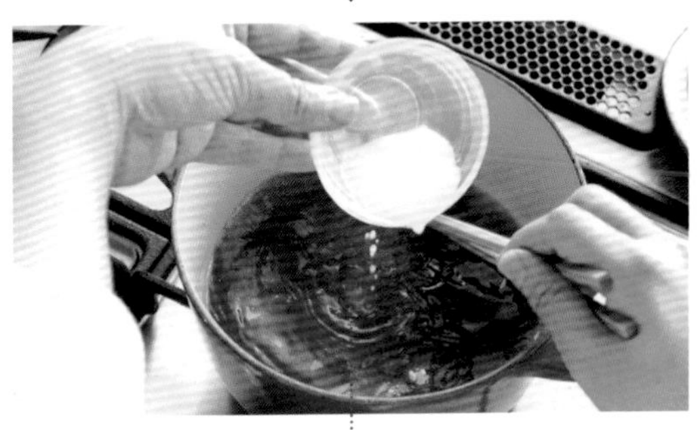

在鍋子的中央垂倒太白粉水的同時劃圓攪拌。開火，稍微煮開即可關火。

case study #009

日式煮魚

煮魚也是讓很多人唉嘆「怎麼這麼難！」的一道菜，其實它是簡單又能在短時間上桌的快速料理。肉質軟好消化，是老少皆愛的菜餚。

盛盤前的 memo

把煮好的魚盛入盤中，淋上醬汁，一旁擺上幾片薑。這裡的配菜用的是香菇，也可用豌豆或長蔥等。

目標：

美味上桌

肉質鬆軟　不會煮到爛　沒有魚腥味

美味公式：

「高溫短時」烹煮 ＋ 加熱中不要翻動 ＋ 用熱水汆燙。煮時不蓋鍋

魚肉的蛋白質在40～50℃時開始變熟，加熱到55～60℃時轉而凝固，爾後隨溫度上升變硬，因而不可煮得太熟。話說回來，如果用冷水搭配小火加熱，等達到55℃時水溶性蛋白質和胺基酸（amino acid）等美味成分也多流失。正確的做法是，放入高溫的湯汁中，在短時間內煮熟。

魚肉最軟的時候是50℃左右，打從入鍋就要特別注意不要在加熱途中翻動魚肉。選用可以排放所有魚片，不致上下相疊的鍋子，可免去中途翻移的動作，而且調味料的水位上升也能防止水分蒸發，達到均勻入味的效果。魚肉取出時容易碎裂，建議選用小口徑（18～20cm）的淺型平底鍋。

用熱水汆燙可除去魚腥味主要成分的三甲胺（水溶性）和**表面的細菌，不致在煮食時滲入湯汁裡。這種煮前用熱水殺菌、洗淨的技巧又叫「霜降」**。此外，魚腥味跟香氣成分一樣具有容易變成氣體的揮發性，煮的時候不蓋鍋蓋，避免腥味悶在鍋內。

材料：

2人份

鰈魚	2片（帶骨300g）

事前準備

在鰈魚的表皮劃出十字刀痕。

燉煮魚類料理時，帶骨的魚肉比較不會因加熱而縮水，又能熬出美味的高湯。劃十字刀痕有助於防止表皮綻裂或因魚肉縮水而碎裂。

水	90 mℓ
清酒	90 mℓ

使用含鹽的料理酒時，醬油用量要縮減到¾大匙。

醬油	1½ 大匙
味醂	1½ 大匙
砂糖	1½ 大匙

此為燉菜常用的八方高湯調味比例「高湯 8：醬油 1：味醂 1」的變形版，水 4：清酒 4：醬油 1：味醂 1：砂糖 1。

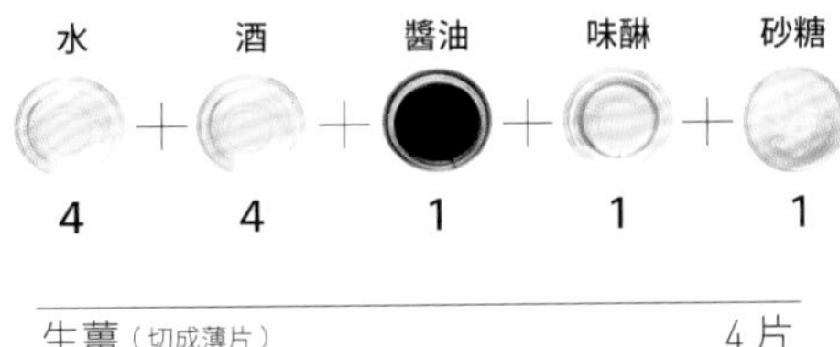

生薑（切成薄片）	4片

作法：

1 在平底鍋裡放水加熱到沸騰，放入鰈魚燙個 10 秒旋即取出浸泡水中，用手指除去表面髒汙與雜質。

中強火  沸騰 ⇒ 10 秒

在表面稍微變白的時候取出（「霜降」一詞即由此而來）。水洗，用手指輕抹除去髒汙、雜質以及血合肉等。

表面變白時
立刻取出

↓

在冰水中
進行清潔的動作，
能讓魚肉變得緊實。

2 在平底鍋裡倒入水、清酒、砂糖、醬油和味醂，開大火，沸騰後放入鰈魚，舀除雜質。

大火 沸騰

放入高溫的湯汁中燉煮，能讓表面的蛋白質迅速凝固，防止美味成分流出，保有魚肉本身的鮮美，同時維持湯汁的澄淨。反之，像馬賽魚湯（bouillabaisse）這種享用濃郁湯頭的料理，則適合在湯汁仍低溫的狀態下放入魚肉，讓美味成分溶於湯中。

↓

配菜用的生薑
和香菇等
在這時放入

3 轉中強火，邊煮邊澆淋湯汁 2 分鐘，覆上內鍋蓋煮 6 分鐘。將魚肉盛盤。

中強火　2 分鐘 ⇒ 6 分鐘

對準十字切口
澆淋湯汁

覆上內鍋蓋是為了促
進量少的湯汁對流，
但不蓋外鍋蓋

用鍋鏟
小心取出魚肉

4 開大火凝煮湯汁。當汁液略微變稠、顯現光澤時，舀取湯汁澆在魚肉上。

強火　1～2 分鐘

收汁的程度是煮到湯汁剩一半以下，可以細緻的白色泡沫轉成棕色大氣泡的時候為判斷標準。湯汁裡的醣分在加熱產生焦糖化反應時會出現褐變（變成褐色），不但帶有光澤也會變得濃稠。

case study #011

鰤魚燉白蘿蔔

吸收魚類高湯，燉成麥牙糖顏色的白蘿蔔美味無比。白蘿蔔要先煮過、魚要汆燙等步驟顯得繁雜，但只要懂得烹飪科學，對這些步驟也能樂在其中。

盛盤前的 memo

放些水煮過的豌豆點綴色彩。刮些柚子皮撒在其中，亦可增添香氣。

目標：

美味上桌

GOAL! 1
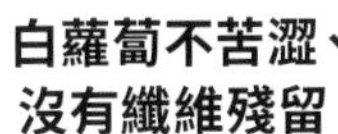
白蘿蔔不苦澀、沒有纖維殘留

GOAL! 2
白蘿蔔嫩而入味

GOAL! 3
魚肉柔軟無腥味

美味公式：

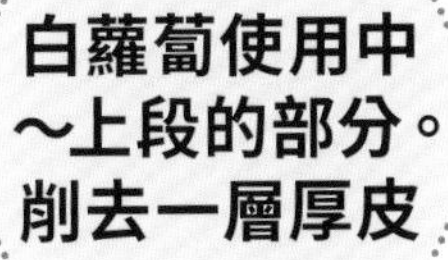

白蘿蔔使用中～上段的部分。削去一層厚皮 ＋ **白蘿蔔要先下水煮過** ＋ **鰤魚用的是雜碎部分，需先汆燙**

白蘿蔔的下段辛辣味強，纖維較粗，水分含量不如上段帶葉的蘿蔔頭，**燉煮時應取用中段到上段的部分。**此外，白蘿蔔表皮附近纖維分布密集、接近表面3～4mm的纖維較粗，想要煮得入口即化，需加深削皮的厚度，約削掉4～5mm。

蔬菜加熱會變軟是因連結細胞與細胞的果膠經加熱後分解的關係。白蘿蔔是即使用文火慢燉也難以入味的食材，事先水煮可讓細胞軟化，促使醬汁進入內部，填補果膠流出後形成的隙縫，達到入味的效果。此外，不規則形狀切法也因擴大表面積，有助於入味和軟化。

這道菜是用魚來做高湯，讓白蘿蔔吸飽高湯精華的料理，所以魚肉**選用的是魚頭和下巴等俗稱雜碎的部分。**不同於長時間燉煮會變硬的魚肉切片，**魚頭和下巴因含有豐富的膠原蛋白，在燉煮過程中會吸水膨脹，經膠質化變軟**，但這些雜碎部分也多含血合肉、細菌和腥味成分，需經汆燙（霜降）處理。

材料：

容易製作的分量（約 4 人份）

鰤魚的雜碎	200 g
鹽	2 小撮（2 g）

事前準備
切大口一點，撒鹽，靜放 10 分鐘。

白蘿蔔	250 g
洗米水	蓋過白蘿蔔高度的量

事前準備
白蘿蔔削去一層厚皮，切成不規則塊狀。

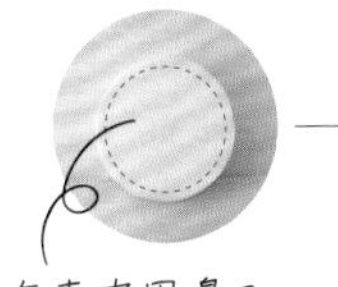

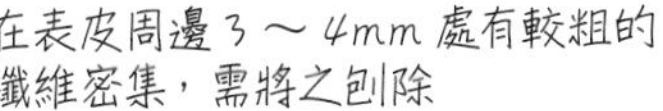

昆布	5 g（約 8cm 角片大小）
生薑	½ 片

水	90 mℓ
清酒	90 mℓ

＊使用含鹽的料理酒時，醬油用量要縮減到 3/4 大匙。

醬油	1½ 大匙
砂糖	1½ 大匙

此為燉菜常用的八方高湯調味比例「高湯8：醬油1：味醂1」的變形版，水4：清酒4：醬油1：味醂1：砂糖1。

作法 ：

1 在鍋中放入白蘿蔔和洗米水，開大火，沸騰後轉中弱火煮 30 分鐘。取出放在水中清洗。

大火 ⇒ 中弱火　沸騰 ⇒ 30 分鐘

用洗米水煮白蘿蔔是古人流傳下來的智慧。這是種膠體溶液（colloidal solution），漂浮分散在水中的澱粉和米糠成分（膠體粒子）會吸附白蘿蔔的苦味、澀味，以及澀中帶苦的雜味成分，從而引出白蘿蔔清甜的味道。沒有洗米水也可在水裡加1大匙米代用。

↓

水煮後泡水，
洗去附著在白蘿蔔
表面的米糠成分。

2 汆燙鰤魚。放進沸騰的水中約 10 秒即取出。置於水中清洗、拭乾。

強火　沸騰⇒ 10 秒

汆燙可除去魚腥味主要成分的三甲胺（水溶性）和表面的細菌與血合肉等。這種煮食前用熱水殺菌、洗淨的技巧又叫「霜降」。

在表面變白時
立即取出

↓

置於水中用手指
輕抹去汙，洗淨。

↓

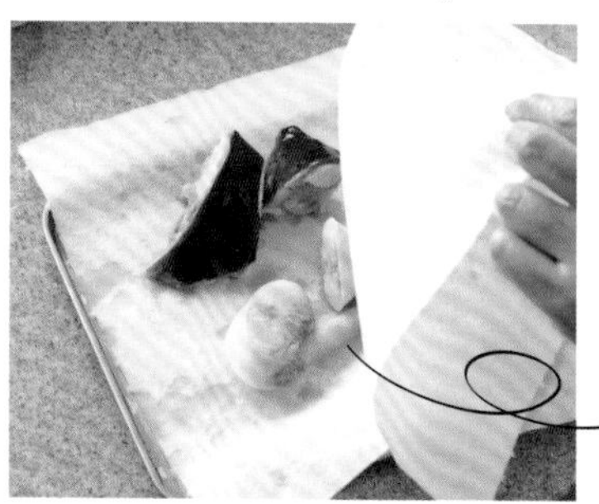

確實擦乾

3 在鍋中放昆布、生薑、水、酒、醬油、砂糖和白蘿蔔下去煮。水滾後放魚肉，覆上內鍋蓋煮 15 分鐘。

大火 ⇒ 中弱火　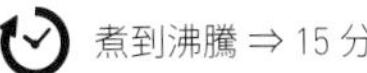 煮到沸騰 ⇒ 15 分

↓

覆上用烘培紙做成的內鍋蓋

↓

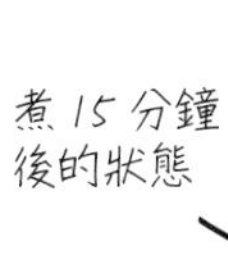

煮 15 分鐘後的狀態

燉煮魚時要遵守「僅蓋內鍋蓋，不蓋外鍋蓋」的鐵則。使用內鍋蓋的好處是可促進湯汁對流，有助於入味，同時減少上下層食材入味不均的情況。不蓋外鍋蓋的原因是，魚腥味跟香氣成分一樣具有容易變成氣體的性質，加熱能讓臭氣揮發。

4 除去內鍋蓋，開大火收汁 1～2 分鐘。關火放涼。

大火 ⇒ 關火　 1～2 分鐘⇒ 放涼

偶爾晃動鍋子
避免食物燒焦

↓

入味的時點在於放涼時。食物在加熱的過程中因處於水分蒸發的狀態，調味料難以進入其中，待冷卻時壓力下降，吸收醬汁，補充流失的水分。有實驗結果指出，在溫度降到50°C（即稍微放涼的程度）時會急速入味。

case study #012

和風烤牛肉

烤牛肉（Roast Beef）的「烤」字指的是進烤箱火烤。出於難以辨識加熱狀態的理由，本篇利用電子鍋的保溫功能製作此料理，並用醬油調味，形成日本風味。

盛盤前的 memo

放涼後切成薄片。以截斷纖維的方式切得越薄越是順口。最後再放上水芹裝飾。

目標：

美味上桌

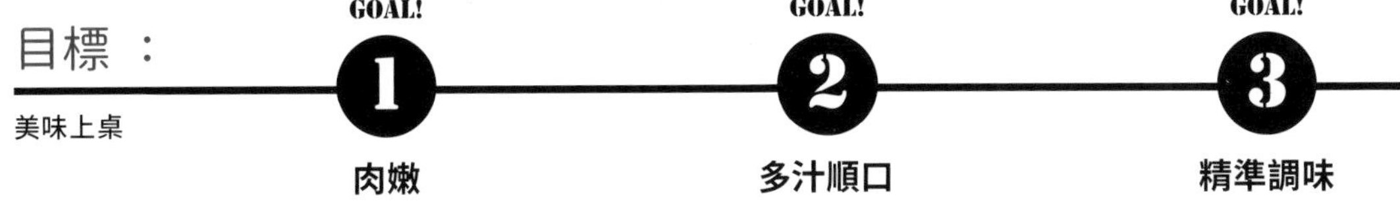

肉嫩 | 多汁順口 | 精準調味

美味公式：

建議使用牛腰肉（沙朗）或肩胛肉 ＋ **用65℃加熱1小時以上** ＋ **預先入味的鹽0.8%＋醬油＝鹽分濃度1%**

建議使用里肌肉（牛腰肉或肩胛肉），因其所在的位置高於心臟，非用於支撐身體的關係，肌原纖維蛋白質（myofibrillar proteins，肌肉的結構蛋白質）多於結締組織（主為膠原蛋白）。**適當的網狀脂肪分布在融化後能帶來滑順的口感。**

占結締組織大部分的膠原蛋白，對肉質的軟硬有著重大的影響。膠原蛋白在受熱超過65℃時會收縮到原來的1/3～1/4，不可加熱超過65℃以上。根據日本厚生勞動省⑥肉類安全飲食標準，需在食物中心達63℃的狀態下加熱30分鐘，因此在牛肉溫度返回常溫後，用65℃加熱1小時以上，達到內部深層加熱。

肉塊所需的食鹽用量不易掌握，但可**根據感覺美味的鹽分濃度跟人體血液濃度（0.9%）大致相同的觀點，把調味比例設定在1%。**這裡用牛肉重量0.8%的鹽搓抹牛肉預先入味，靜置1小時，再漬於醬油2大匙（相當於食鹽2.5～5.2g）之中，如此一來最終鹽分濃度約1%。

⑥ 相當於台灣的衛福部加勞動部。

材料：

容易製作的分量

材料	分量
牛肉塊	500 g
鹽	4 g
胡椒	小匙（0.8 g）
油（選用沙拉油、米糠油等無香氣的油）	1 大匙
醬油	2 大匙
味醂	2 大匙

事前準備

照片裡的是斷面直徑 8cm 的肉塊。從冰箱取出後，在整塊肉上撒鹽和胡椒並加以搓抹。

用保鮮膜包起可助其入味。在常溫（設定為 20～25℃）下靜置 1 小時。

擔心脂肪和熱量的人，可使用臀腿肉，但要挑選有「和尚頭」之稱的內側後腿肉——脂肪少，適合冷食的牛肉。

作法：

熱油，轉中強火煎 2 分鐘。翻面再煎 1 分 45 秒，側面各是 30 秒～1 分 30 秒。

中強火

預熱 1 分鐘 ⇒ 2 分鐘 ⇒ 翻面加熱 1 分鐘 45 秒⇒ 面積大那面 1 分 30 秒、面積小的 30 秒

先將每一面煎過，讓表面的蛋白質凝固，防止加熱過程中含有美味成分的水溶性蛋白質流失，同時增添焦香味。

↓

上面標示的時間是肉塊斷面直徑約8cm的情況。肉塊較薄的話，每一面煎的時間縮短約10秒。

用廚房紙巾包好，放進夾鏈袋，倒入調好的醬油和味醂，封好袋口。

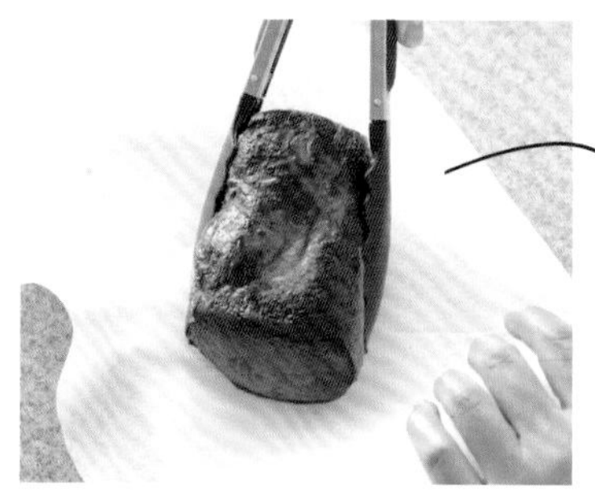

廚房紙巾最好選用不織布材質

↓

澆淋調味料時盡量讓廚房紙巾能吸附醬汁

＊若是料理完成後距離食用的時間超過 4 小時以上，浸漬的醬油用量改為 1 大匙。

↓

用廚房紙巾包起來的好處很多，例如可除去多餘的油脂，且吸附調味料的紙包覆著肉塊，即使是少量的調味料也能達到全面入味的效果。

3 浸泡在 65℃的熱水裡加熱 1 小時～1 小時 30 分鐘。這時使用的是電子鍋的保溫功能，在蓋子開啟的狀態下執行此動作。

 電子鍋保溫功能・掀開蓋子　1 小時～1 小時 30 分鐘

在電子鍋的內鍋鋪上一層薄的抹布或廚房紙巾（將2～3張重疊在一起）。
倒入熱水1ℓ＋水200ml，放入**2**。這時的溫度約65℃。

電子鍋的保溫功能約是70～75℃（廠牌各有不同，需加以確認），蓋上鍋蓋會導致溫度過高，因此用掀蓋的方式讓溫度維持在65℃左右。

→

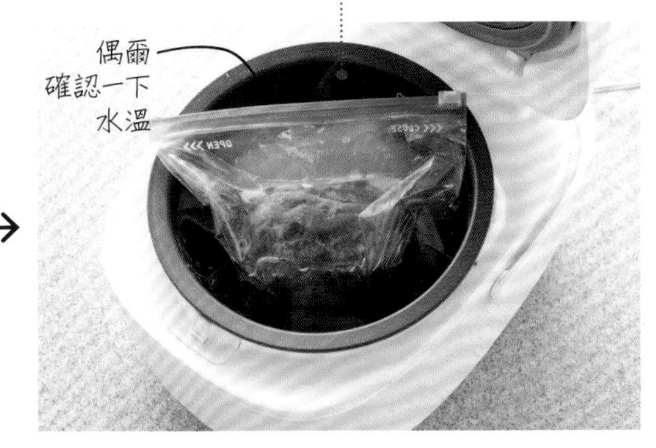

＊有些幾種無法在掀開鍋蓋的狀態下進行保溫，而且這麼做也可能造成機械故障，一定要先經過確認。

↓

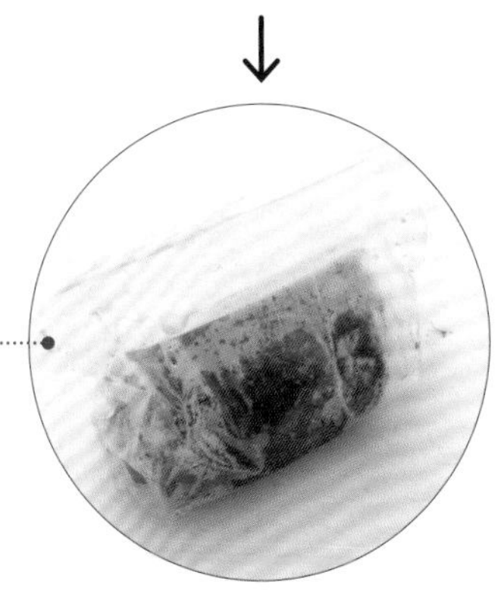

從電子鍋裡取出，在常溫下靜置45分～1小時（維持裝袋的狀態），讓肉汁歸於穩定。

牛油的融點是40～45℃，難以在冰涼的狀態下溶於口中，趁殘留餘溫的狀態下食用，有助於油脂溶出，帶來滑順的口感。

均衡營養的膳食範例

和風烤牛肉

＋

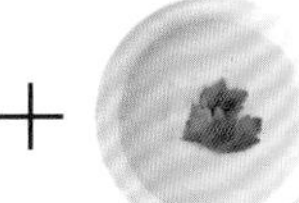
茶碗蒸

＋

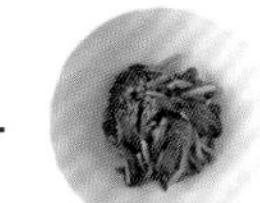
菠菜拌醬油

＋

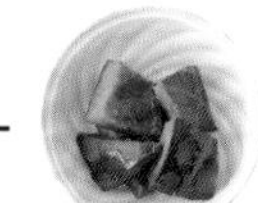
醬煮南瓜

case study #013

天婦羅

這是用蔬菜或海鮮食材沾裹麵糊（麵衣）下鍋油炸的料理，麵衣的狀態對料理的美味有直接的影響。看似有難度的天婦羅，若能掌握訣竅，也能在家享受剛炸好的頂級美味。

附上天婦羅醬汁和蘿蔔泥。醬汁以「高湯5～7：醬油1：味醂1」的比例調和後，加熱約5秒鐘。

盛盤前的 memo

目標：

美味上桌

GOAL! **1-1** GOAL! **1-2**：輕薄酥脆的口感

GOAL! **2**：爽口的口感

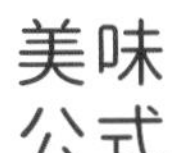

美味公式：

麵粉選用麩質(gluten)少的低筋麵粉 ＋ **麵衣的黃金比例為 低筋麵粉：水分（水＋雞蛋） 1：1.1～1.2** ＋ **油炸的溫度在160～180℃**

輕薄酥脆指的是麵衣輕薄呈霧淞狀⑦，表面乾爽的狀態。**要炸出霧淞狀的麵衣，需要有支撐網狀骨架的麩質，但麩質含量過高吸水力也會增強，水分不易蒸發，無法炸出乾爽麵衣**，因此麩質含量較少的低筋麵粉是最適合的。加入10%不含麩質的太白粉，更能達到乾爽的效果，缺點是會變硬。

⑦ 狀似天寒時水蒸氣凝聚在樹上所形成的白色粒狀。

麵粉的用量以食材的20%為標準，水分則以麵粉重量的1.8～2倍為適（容量比為1.1～1.2倍）。在水裡加雞蛋，比單純用水來攪和麵粉，更能降低麩質的產生。而雞蛋的蛋白質經高溫加熱後會產生縫隙，也能製造輕盈的口感。

沾裹麵衣入鍋油炸的瞬間，食材裡的水蒸氣冒出，產生大量的氣泡，這對製作天婦羅來說是很重要的一環。大量的氣泡在穿透麵衣的同時，會製造極其細微的穿孔，形成薄型的網狀。因此，油炸的溫度要控制在中溫至高溫，才可一氣衝天，而且要用新的油。已經炸過多次的油黏度會升高、不易瀝乾，炸食也會因此變得黏乎乎的。

材料：

2人份

蝦子	4隻
茄子	1小個
蓮藕	2片（20g）
番薯	2片（50g）
青紫蘇	2片

低筋麵粉	100㎖（55g）
水	100㎖
蛋黃	½個

＊想讓麵衣變得更膨鬆，可加1/8小匙（0.5g）的發粉。

低筋麵粉	2大匙
油炸油（選用沙拉油、米糠油、白麻油等無特殊味道的油）	分量為距鍋底5cm以上的高度

切除尾巴的後端，劃刀斷筋（參考下一頁做法）↓

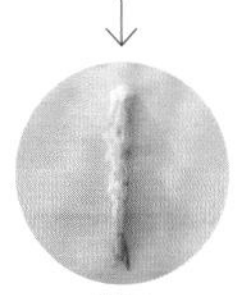

蝦子

縱向切成一半，再於各半劃出4個縱向切口（不切斷）↓

茄子

搓洗表皮，斜切成薄片↓

番薯

圓切成近1cm厚度的薄片↓

蓮藕

切斷伸出的主脈↓

青紫蘇

作法：

1 **為了讓炸蝦在炸時不曲身，需做事前處理。除去腸泥、切除尾部後端、在腹側劃一刀、手壓斷筋。**

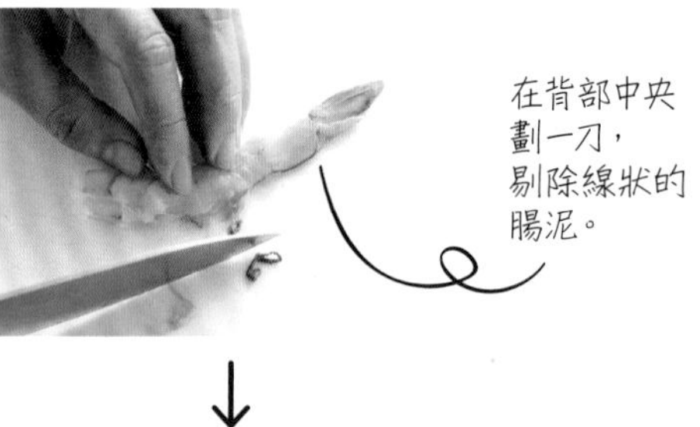

↓

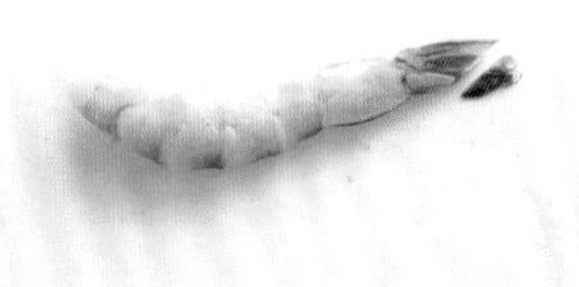

以斜切方式切除尾部後端。擦乾水分以免噴油。

↓

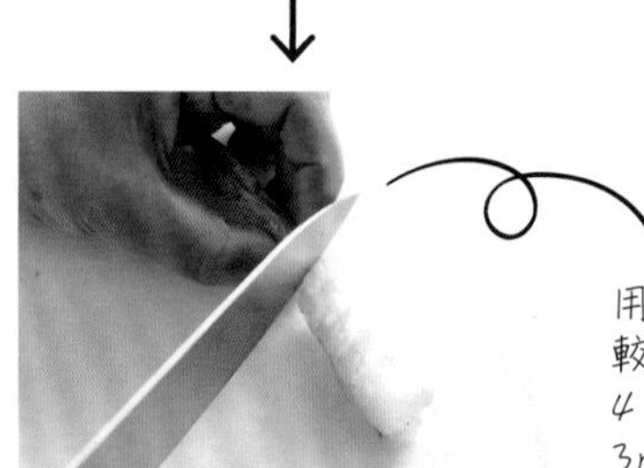

用刀在腹側（顏色較白的那側）的4處劃出深約3mm的刀痕。

↓

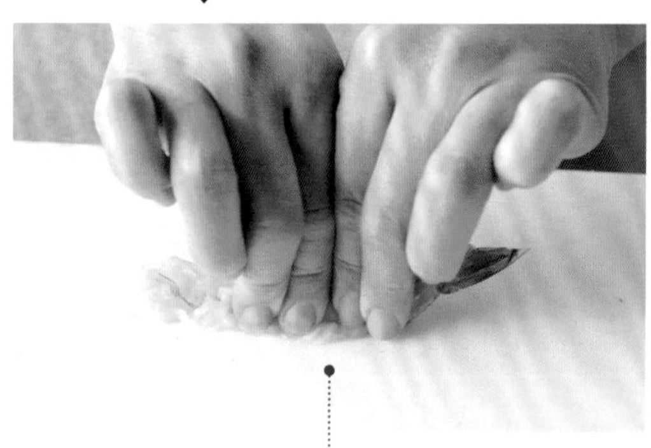

蝦子有許多纖維狀蛋白質，構成複雜的結構，需用手指擠壓，截斷纖維。

調製麵衣。在調理盆裡放水和蛋黃，打散後倒入麵粉，用小型打蛋器或筷子攪拌到仍有麵粉殘留的程度。

麵衣的調和過程是控制麩質產生的重要關鍵。麵衣在食材下鍋前才開始調和，低溫可以延緩麩質的形成，因此要使用冰水或是冰箱冷藏的水。攪拌的次數越多，越容易產生麩質，所以在蛋汁（水＋蛋黃）裡攪拌麵粉時要控制在仍有麵粉殘留的程度，不必在意未攪勻而凝結成塊的麵團。

排放食材，過篩輕灑麵粉。沾裹一層薄薄的麵衣，放入160～170℃的高溫油鍋裡炸1～2分鐘。

 中火（油溫160～170℃）

青紫蘇160℃ 30秒，
番薯、蓮藕和茄子160℃ 2分鐘，蝦子170℃ 1分鐘

麵粉能發揮沾裹麵衣的黏著劑作用。

炸蝦

抓住尾部，
沾裹麵衣。

蝦子油炸時間為170℃ 1分鐘左右。魚肉比較容易熟，超過50℃就會開始變硬，60℃左右變熟，應採高溫短時調理的方式。

炸蔬菜（從蔬菜開始炸起比較不會弄髒油）

茄子，
把用刀劃開的
部位捻成扇形，
沾裹麵衣。

蔬菜類油炸時間為160℃ 2分鐘（青紫蘇是30秒）。剛下鍋時會因食材的水蒸氣冒出，產生激烈冒泡的現象（如照片所示），爾後氣泡減少，待食材浮上來便可取出。

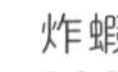

case study #014

醋漬炸竹莢魚

熱的時候好吃，稍微冷藏也很美味。經油炸再浸泡醋漬醬的做法有助於保存，也適合拿來當備菜使用。不只是魚，雞肉也可以比照相同做法，變成另一道醋漬料理。

目標：

美味上桌

GOAL! 1	GOAL! 2	GOAL! 3
不會過酸	非常入味	均勻入味

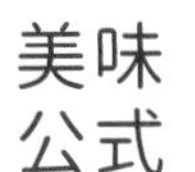

美味公式：

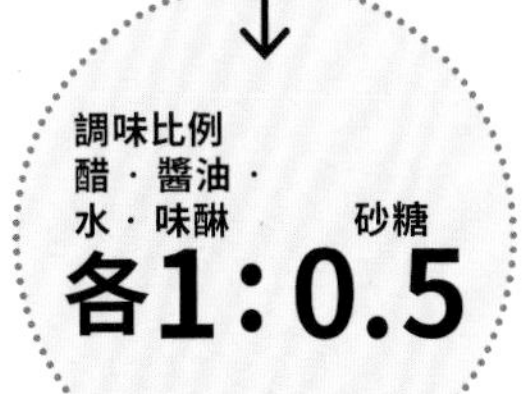

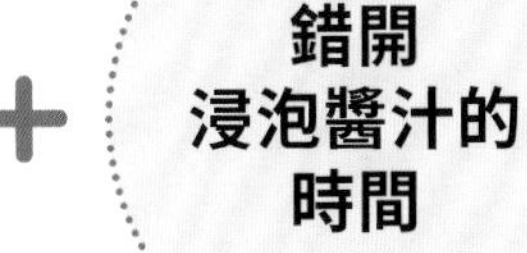

調味比例 醋・醬油・水・味醂 各1：砂糖 0.5 ＋ **趁熱浸泡醬汁中放涼** ＋ **錯開浸泡醬汁的時間**

此為稍微偏甜的調味比例。想要更甜的口感，可以去掉味醂，改成醋、醬油、水、砂糖各1的比例。醬汁要先過火的原因是為了溶化砂糖，同時讓味醂的酒精成分以及醋的刺激味揮發。**醋的酸味主要成分為醋酸（acetic acid），耐熱性強，沸點為118℃。醋在加熱後會因水分蒸發導致醋酸濃縮**，酸度變強。

食材放涼易於吸汁入味，是因為加熱時水分蒸發，放涼的過程中食物內部壓力下降，醬汁從而滲入其中，補充流失的水分。像醋漬炸竹莢魚這樣**先經油炸再浸泡醬汁的料理，冷卻後油膜會阻礙醬汁的滲透，所以要趁熱浸泡**。即使是不經油炸的做法，煎熟後旋即放入醬汁裡浸泡也能入味。

所有食材在同一時間浸泡的話，容易產生入味不均勻的情況。水分多的蔬菜要先浸泡，如本例的洋蔥。滲透壓會讓洋蔥裡的水分流出，待洋蔥變軟的時點再放入下一個食材，以此方式錯開浸泡的時間。反之，青椒、紫蘇和蘘荷這種點綴色彩與增添香氣的蔬菜要事後放入才能增色。

材料：

容易製作的分量（約4人份）

竹莢魚（片成三片的狀態）	3條（250g）
茄子	1大個（100g）
洋蔥	½個（100g）
青椒（綠、紅、橘等）	2個（70g）

醋	2大匙
味醂	2大匙
醬油	2大匙
水	2大匙
砂糖	1大匙
辣椒（橫切）	½根

鹽	魚重量的0.7%（約1.7g ⅓小匙）
太白粉	2大匙
油炸油（選用沙拉油等無特殊味道的油）	分量為距鍋底5cm以上的高度

事前準備

切除竹莢魚靠近尾部側面尖刺的魚鱗。

用削皮刀刨成條紋狀，切成一口大小的不規則形狀

茄子

切成薄片

洋蔥

對半切開，剝除種子，去蒂，切成5cm長的細絲

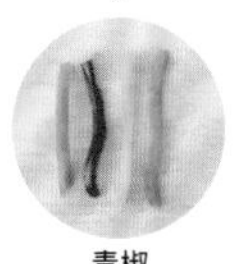

青椒

作法：

1 在鍋內倒入醋、味醂、醬油、水、砂糖和辣椒，開中火，水滾後關火，放入洋蔥。

中火 水滾 ⇒ 關火

加熱後感覺醋的味道變淡，是因為酒精等香氣成分揮發，減少刺激的關係，但酸度本身是增強的。

↓

水分多的洋蔥先浸泡在剛起鍋不久的醋浸醬汁裡，好讓來自硫化烯丙基（allyl sulfide，屬水溶性）的辛辣味和刺鼻味能跟水分一起流出，吃起來比較順口。

2 每片竹筴魚各以斜切的方式切成 3 片，撒鹽靜置 10 分鐘。擦乾水分，覆上一層薄薄的太白粉。

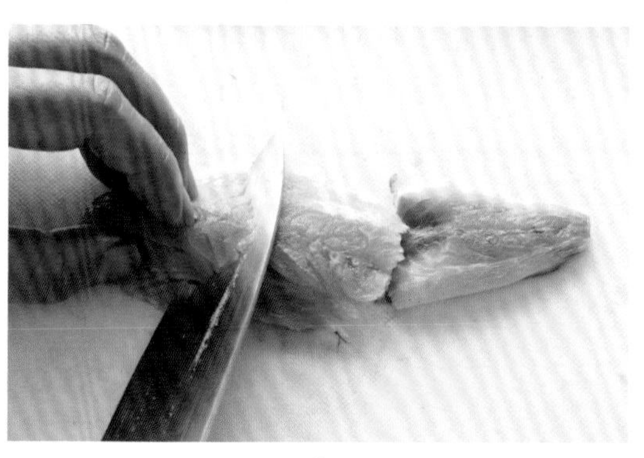

↓

魚在撒鹽靜置一段時間後會因滲透壓而流出夾雜三甲胺的水分，可除腥臭味，但要擦乾。

↓

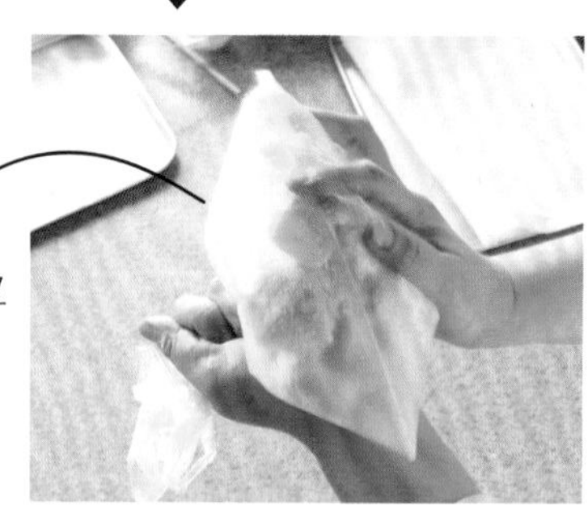

把魚和太白粉一起放進塑膠袋裡搖一搖，可簡單為魚肉覆上太白粉。

3 在鍋裡倒油，加熱到 180°C，茄子入鍋炸 1 分 45 秒。取出茄子，放入 1 的醬汁裡。放入青椒一起攪拌。

 中火（油溫 180°C） 1 分 45 秒

茄子要高溫短時間油炸才不會吃太多油

在茄子還是熱乎乎的時候放進醬汁裡浸泡

4 確認油溫，在溫度為 150°C 時放入 2 的竹筴魚，炸 8 分鐘。趁熱放入 3 的醬汁，靜置放涼。

 中火（油溫 150°C） 8 分鐘

用 150°C 的油炸久一點，肉質會變硬，可連骨帶刺一起食用。

魚肉要趁熱浸泡在醬汁裡。覆上一層太白粉下去炸，有助於吸附醬汁，也能讓醬汁本身變得濃稠，提升整體入味的效果。

case study #015

關東煮

關東煮是日本家庭料理的代表之一，但其好吃的製作秘訣卻不是那麼為人所知。關東煮其實是需要經過事前處理的。本篇的目標在於做出不輸給專門店的好味道。

目標：

美味上桌

GOAL! **1** 很入味

GOAL! **2** 精準調味

GOAL! **3** 各種食材都美味可口

美味公式：

白蘿蔔、蒟蒻要先煮過 ＋ **用鹽分濃度1%的高湯煮食** ＋ **魚漿加工食品在食用前10～15分鐘下鍋**

蘿蔔的纖維較粗，需事先煮過，讓**連結細胞與細胞的果膠經加熱後分解流出，調味料可進入食物內部，填補果膠流出後形成的隙縫**，達到入味的目的。蒟蒻經水煮，撈起置於濾網的動作也能助其入味是因內含的水分在加熱過程中蒸發、脫水的關係。

關東煮裡有各式各樣的食材，讓湯汁的調味成為惱人的問題。其實只要記住**湯汁的鹽分濃度跟一般人感覺美味的鹽分濃度同為1%即可。**煮的時候從白蘿蔔和蒟蒻等未經調味的食材開始放入，再放甜不辣（薩摩炸魚餅）等加工食品，這麼一來正可補充變淡的鹽分濃度，使之維持在1%左右。

所有食材從一開始就集體入鍋的話，白蘿蔔會吸掉魚漿加工食品的美味，後者也會因為吸收過多的湯汁膨脹而有損口感。魚漿食品最佳下鍋時機是食用前的10～15分鐘。常被認為煮越久煮好吃的關東煮，**美味的關鍵其實在於食材要做好事前處理，再把它煮到剛好入味的程度。**

材料：

容易製作的分量（3～4人份）

白蘿蔔	300g
蒟蒻	⅕塊（50g）
雞蛋	3～4個
魚漿加工食品（本例為甜不辣、竹輪、半片⑧等）	
洗米水	正好蓋過白蘿蔔高度的量（約800 mℓ）
高湯	1ℓ
鹽	1小匙多（6g）
醬油	2小匙

⑧ 一種用魚漿加山藷等水煮而成的加工食品，白色，呈四邊形。

事前準備

白蘿蔔切成2cm的圓形厚片，外皮削厚一點。在切口面劃上十字刀痕。

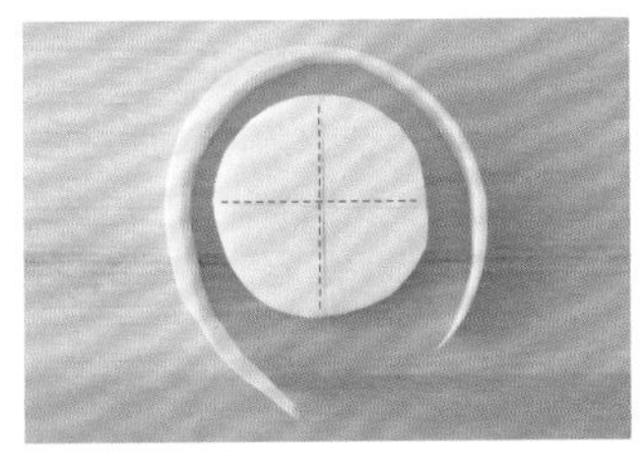

蒟蒻切成三角形，厚度切半，在表面劃上格子狀刀痕。

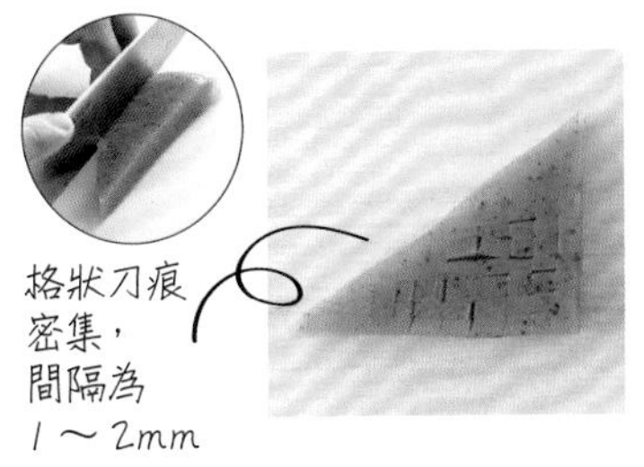

作法：

1 在鍋內放入白蘿蔔和洗米水，開大火，沸騰後轉小火煮 40 分鐘。取出放在水裡洗淨。

 大火 ⇒ 小火 （微滾的狀態） 煮到沸騰 ⇒ 40 分

用洗米水煮白蘿蔔是古人流傳下來的智慧。這是種膠體溶液（colloidal solution），因為漂浮分散在水中的澱粉和米糠成分（膠體粒子）會吸附白蘿蔔的苦味、澀味，以及澀中帶苦的雜味成分，增添白蘿蔔的甜味。沒有洗米水也可在水裡加1小撮米代用。

↓

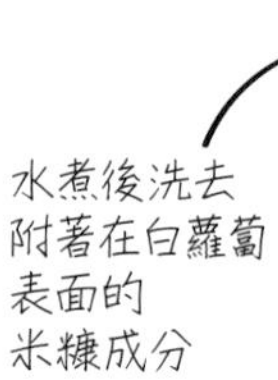

水煮後洗去附著在白蘿蔔表面的米糠成分

2 水煮蒟蒻。燒一鍋水，沸騰後放入蒟蒻，用中火煮約 1 分鐘，取出置於濾網上。

 大火 ⇒ 中火 煮到沸騰 ⇒ 1 分鐘

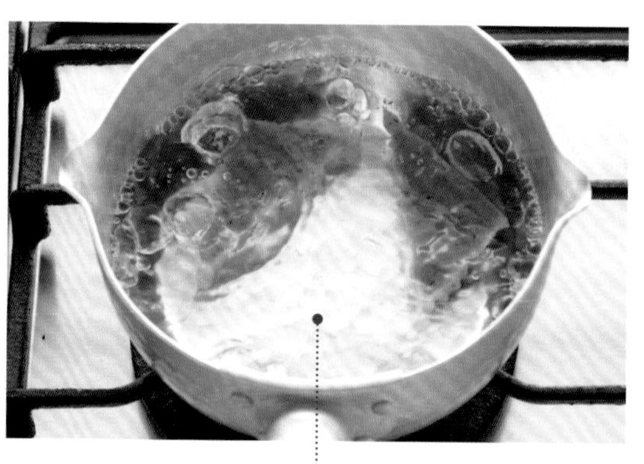

蒟蒻裡的草酸鈣（calcium oxalate）是水溶性，能經由水中加熱去除。未經該步驟而直接放入湯汁煮食的話，會讓澀中帶苦的雜味滲出到湯汁裡。市售無需事先水煮的蒟蒻，雖然也可以直接下鍋，但想要快速入味，還是要多花點功夫比照辦理。

3 製作水煮蛋。燒一鍋水，沸騰後放雞蛋，轉中弱火煮 10 分，取出放到水裡剝殼。

大火 ⇒ 中弱火　　煮到沸騰 ⇒ 10 分鐘（全熟）

在水全面滾開之後放入雞蛋，較能減少煮食時間的誤差。

↓

煮後立即置於水中放涼

↓

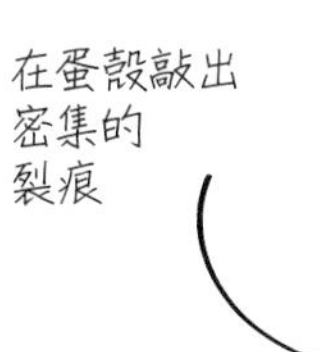

↓

置於流水或是水中，一下就能剝除蛋殼。

4 在陶鍋裡放入高湯、鹽、醬油和 1.2.3 的食材，開火。水滾後轉小火煮 10 分鐘。放入魚漿加工食品煮 10 分鐘。

中火 ⇒ 小火　　煮到沸騰 ⇒ 10 分鐘 ⇒ 放入魚漿加工食品 10 分鐘

在冰涼的高湯裡放入白蘿蔔、蒟蒻和水煮蛋再開火。這麼做能讓食材均勻受熱，降低內外溫差，也能防止白蘿蔔煮到潰爛。

↓

甜不辣等用油調理過的食物，先簡單過一下熱水，去掉表面的油，比較容易入味，也能防止油脂讓湯汁變得混濁。

case study #016

4 種拌菜

拌菜是能大量享用蔬菜的健康料理。調味的規則只有一種。只要記住此一規則，就能廣泛應用在各種蔬菜。

高湯醬油拌菠菜

芝麻拌四季豆

梅子醬拌秋葵山藥

芥末拌烤茄

目標：

美味上桌

GOAL! 1 精準調味

GOAL! 2 吃起來不會水水的

GOAL! 3 色澤鮮明

美味公式：

每100g處理後的食材佐以醬油1小匙的鹽分 ＋ **食用前才拌醬料** ＋ **綠色的蔬菜在高溫短時間汆燙後於冷水冷卻**

拌醬前的食材重量需是已經去皮或經汆燙、水煮後的狀態。以菠菜100g來說，就是汆燙，擠水後的狀態，這時拌以**鹽分0.9g的1小匙醬油，鹽分濃度就是0.9%**，同人體血液濃度，接近1%，也是一般人感覺好吃的鹽分濃度。其他佐料如高湯或芝麻等也可據此做自由發揮。

在與醬油等**含鹽量高的調味料攪拌之後，滲透壓會促使蔬菜裡的水分流出，若不立即食用，放一段時間後會變得水水的**。此外，**酸性屬性的醬油（pH 4.5）等調味料顏色也會隨時間經過而變調**。做拌菜跟生菜沙拉一樣，都是完成準備動作後，等食用前才拌醬料或淋上沙拉醬。

蔬菜的綠色來自於名為葉綠素（chlorophyll）的色素，**長時間加熱會變成黃褐色**，因此要盡量縮短完成加熱的時間。為防止食材下鍋後水溫下降，需準備大量的水，並在水完全滾開（沸騰）的狀態下放入。**起鍋後立即冷卻**，避免持續高溫的狀態導致褪色。

材料：

均為2人份

［高湯醬油拌菠菜］

菠菜	160g⇒汆燙擠水後約100g
醬油	1小匙
高湯	1大匙

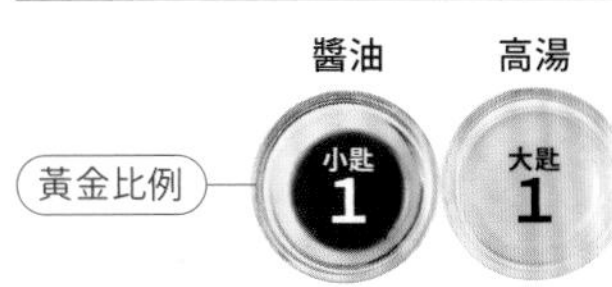

［芝麻拌四季豆］

四季豆	14根100 g⇒燙過後約100g
鹽	2小撮
醬油	1小匙
高湯	1小匙
砂糖	½小匙
白芝麻粉	2小匙

黃金比例　醬油 小匙1　高湯 小匙1

［梅子醬拌秋葵山藥］

秋葵	3根36 g ⇒ 燙過後約40 g
鹽	2小撮
山藥	65g ⇒ 去皮切成方型塊狀60g
醬油	½小匙
味醂	1小匙
梅子醬（市售條狀包裝）	1小匙

黃金比例　醬油 小匙½

［芥末拌烤茄］

茄子	3個250 g ⇒ 烤後去皮約100 g
醬油	1小匙
高湯	1大匙
芥末（市售條狀包裝）	¼小匙

作法：［高湯醬油拌菠菜］

1 切開菠菜的根部，浸泡水中 20 分鐘。煮一鍋水，沸騰後從根部下水。等水再度滾開，燙煮 50 秒鐘。

大火　煮到沸騰 ⇒ 50 秒

跟澆花一樣，泡水可以讓葉子變得鮮綠挺直。

↓

↓

燙的時候不蓋鍋蓋，好讓蔬菜流出的雜質成分和有機酸等隨水蒸氣蒸發。

2 立刻放進冷水急速冷卻。擠除水分，切成 4cm 的長度，拌入醬油與高湯。

↓

[芝麻拌四季豆]

將鹽灑於四季豆上用手揉搓。水煮方式參考第 64 頁，取出置於水中冷卻。切成 3cm 長的條狀，拌入醬油、高湯、砂糖和芝麻粉。

 大火 煮到沸騰 ⇒ 2 分鐘 30 秒

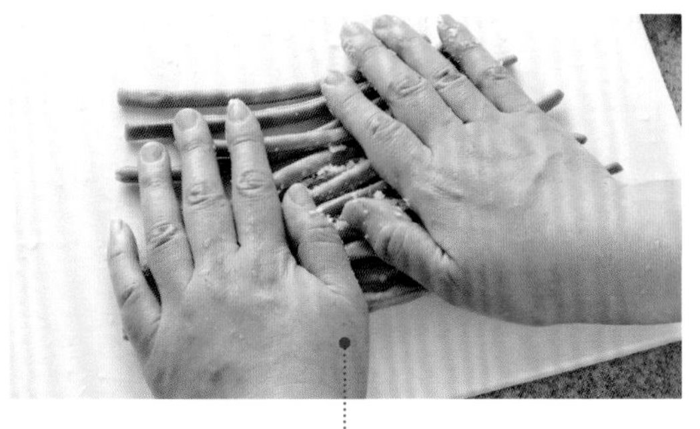

把食材置於砧板上撒鹽並用手前後滾動揉搓的技法又叫「板擦」，可在食材表面製造傷痕，以便於後續入味。

[梅子醬拌秋葵山藥]

在秋葵上撒鹽，用手指揉搓。水煮方式參考第 64 頁，取出置於水中冷卻。切成 1cm 長的塊狀，拌入山藥、醬油、味醂和梅子醬。

 大火 煮到沸騰 ⇒ 2 分鐘 30 秒

秋葵無需像四季豆一樣放在砧板上摩擦，用手指揉搓，除去表面的絨毛即可。

[芥末拌烤茄]

在茄子的表皮劃一道刀痕，用微波爐烤箱烤 35 分鐘。剝皮，切成一大口，拌入醬油、高湯和芥末。

 微波爐烤箱 1000 W 25 分鐘 ⇒翻面 10 分鐘

要烤到表皮變黑裂開，茄身變軟。

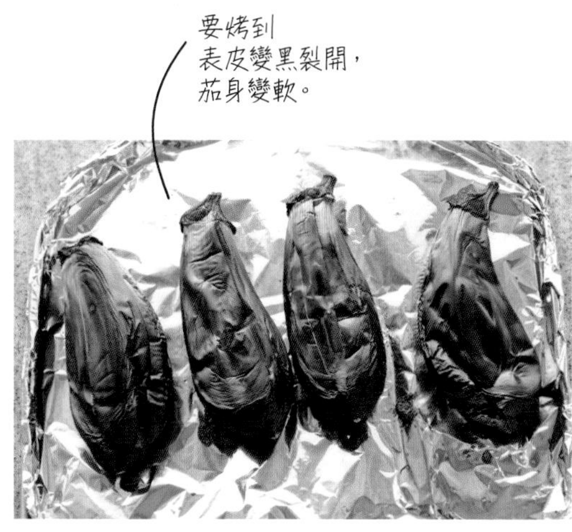

趁熱剝皮，小心燙傷。

↓

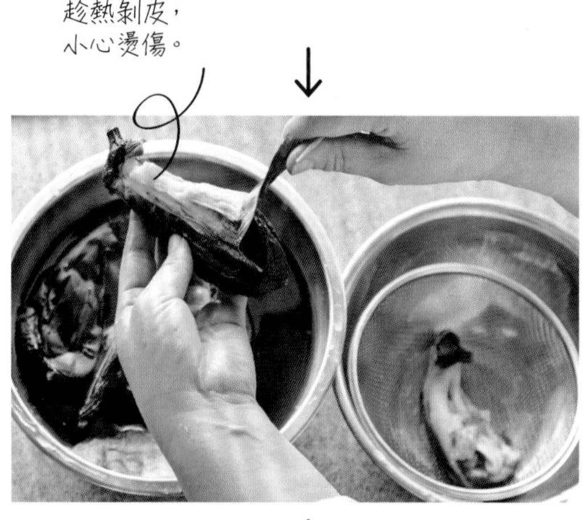

↓

case study #017

醬煮南瓜

本篇的目標在於煮到完全收汁，瓜肉吃起來鬆軟可口。只要掌握訣竅就不怕煮成一鍋爛瓜。

材料 ： 容易製作的分量 約 4 人份

南瓜	約 ¼ 個（340g）⇒ 去籽後 300g
水	120 mℓ
醬油	1 大匙
味醂	1 大匙
砂糖	½ 大匙

事前準備

南瓜去籽，切成 4cm 的方塊狀。

4 cm

4 cm

削去多處表皮。

削去部分表皮有助於入味。

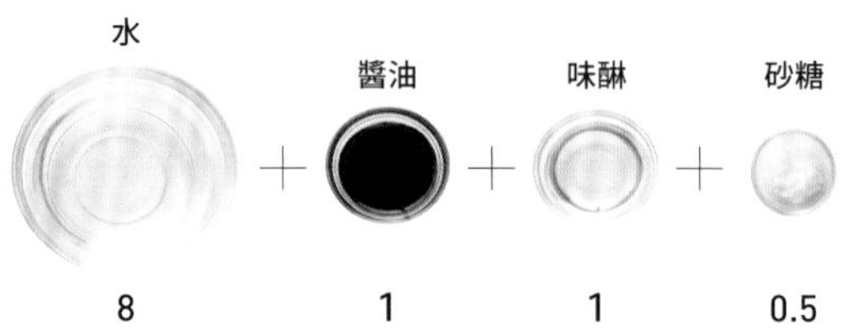

目標：

美味上桌

GOAL! 1 瓜不潰散

GOAL! 2 瓜肉鬆軟

GOAL! 3 入味

美味公式：

瓜肉不重疊。用中弱火烹煮，不翻動 ＋ **煮時不蓋鍋蓋。完全收汁** ＋ **內鍋蓋使用厚質烘培紙**

南瓜醣分含量多，易溶於湯汁導致瓜肉潰散，需用中火烹煮以降低湯汁對流的激烈程度。瓜與瓜的重疊處也容易鬆垮碎開，入鍋時應避免重疊。味醂的糖與酒精成分能發揮保護細胞膜的作用，有助於防止瓜肉潰散。

鬆軟的狀態指的是，**連結細胞與細胞的果膠經加熱分解後流出，在細胞之間形成縫隙的狀態**。想要煮得鬆軟，要掀鍋蓋煮到完全收汁（湯汁幾乎不剩的狀態）。反之，追求溫潤口感時，湯汁要多放一些，蓋著鍋蓋煮。

在湯汁量少的情況下，內鍋蓋有助於增加對流，但微弱的中火難以引發對流，這時需要藉助有厚度的不織布材質烘培紙的力量，而非一般的烘培紙。不織布烘培紙能吸取湯汁，覆蓋後可確保食材朝上的那一面也能吃到調味料，均勻入味。

作法：

1 將南瓜表皮朝下排放在鍋內，放入所有的調味料，開大火。水滾後舀除雜質。

大火　煮到沸騰 ⇒ 舀除雜質

南瓜和湯汁（水加調味料）都要在未受熱的狀態下先入鍋再開火。隨湯汁的溫度上升，瓜肉內外均勻受熱，不易潰散。

2 開中弱火，覆上淋濕擰乾後的烘培紙煮 10 分鐘。關火放涼。

中弱火⇒ 關火　 10 分鐘⇒ 放涼

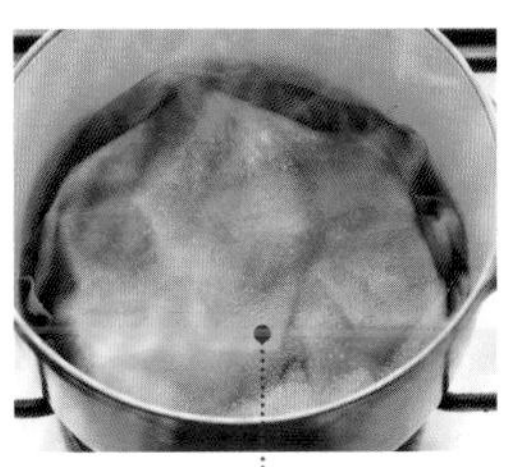

使用不織布材質的烘培紙當內鍋蓋，但不蓋外鍋蓋。味道會隨水分蒸發滲入瓜肉裡。

《擔心燒焦怎麼辦》 還不習慣烹飪，擔心燒焦的人也可以蓋外鍋蓋，等瓜肉變軟了再取下鍋蓋，煮到水分幾乎沒了的狀態。

case study #018

蕪菁與油炸豆腐皮的煮浸

這是一道能品嚐高湯美味並欣賞蔬菜色彩之美的雅緻小菜。乍看屬和食技巧裡的高段班，但只要記住高湯和調味料的比例就很簡單。本篇目標是做出連湯汁也能飲用的美味燉菜。

材料 ： 約 2 人份

蕪菁	2 個（300 g）⇒ 淨重 200 g

事前準備

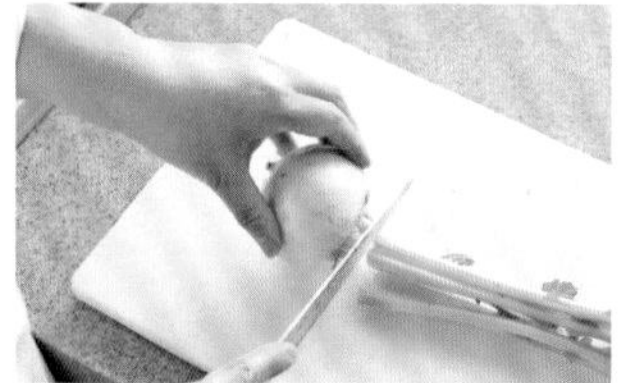

切斷莖葉部位。把莖葉切半，再切成 4cm 長。

→

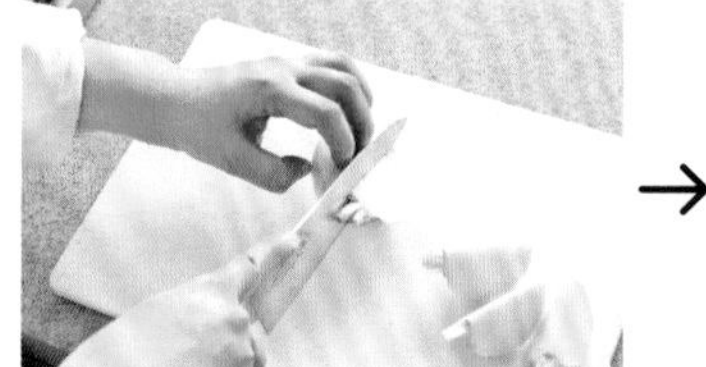

切成 6 等分。

→

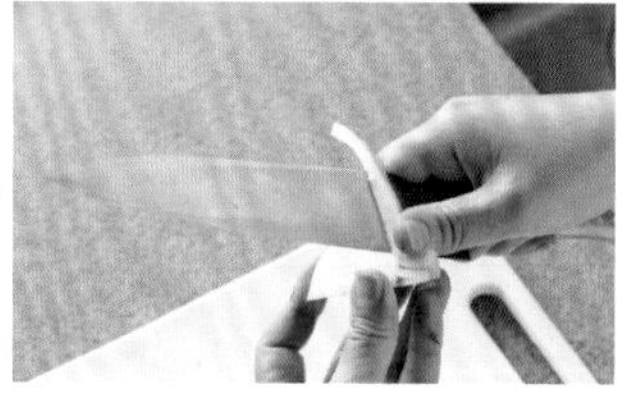

表皮附近有密集的纖維，質硬，需削去一層厚皮。

油炸豆腐皮	1 片

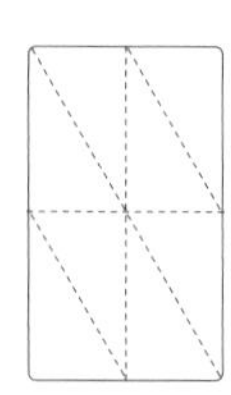

切成 8 等分。

油炸豆腐皮

水洗揉搓去油。

高湯	225 mℓ
薄口醬油	1 大匙
味醂	1 大匙

＊使用含鹽的顆粒狀高湯或高湯包時，需減少醬油的用量。

目標：

美味上桌

GOAL! **1** 湯汁也能啜飲的淡雅口味

GOAL! **2** 充分發揮食材本色

美味公式：

湯汁的調味比例
高湯 醬油 味醂
15：1：1

＋

使用薄口醬油

使用大量高湯烹煮，調味比例（高湯15：醬油1：味醂1），**適用於湯汁也能享用的燉菜料理**。鹽分濃度為1.3%，放蔬菜下去燉時，滲透壓會讓蔬菜出水，最終鹽分濃度約是1%。適合白菜、日本蕪菁（水菜）和高麗菜等葉菜類的煮浸⑨料理，以及油炸豆腐皮、凍豆腐的燉菜料理等。

⑨「煮浸」（煮びたし）取自日本漢字，意指將烤過的魚或蔬菜以淡味湯汁煮泡入味的菜肴。

薄口醬油是縮短釀製時間，發色淺的醬油，能讓食材展現本來的顏色。**色淡不如烏黑的濃口醬油（普通醬油），鹽分濃度（1大匙含鹽量2.9g）卻超乎後者（2.6g）**。若家中沒有薄口醬油，也可用濃口醬油（1/2大匙）加少許的鹽（近1/3小匙）來取代。

作法：

1 在鍋裡放入蕪菁、高湯、薄口醬油、味醂和油炸豆腐皮，開大火。

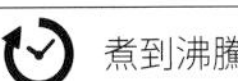 大火 煮到沸騰

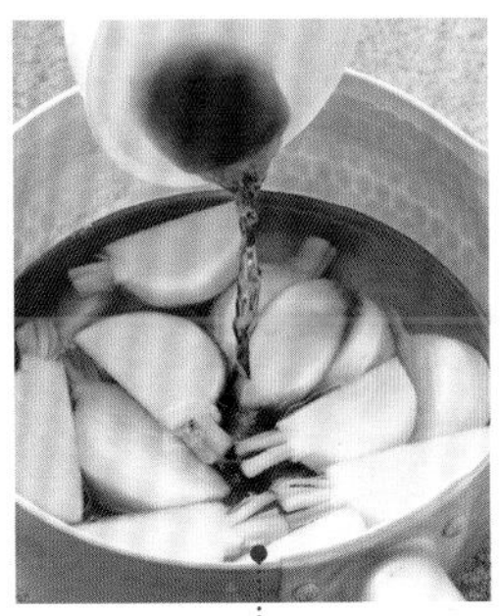

蕪菁和湯汁都要在未受熱的狀態下先入鍋再開火。隨溫度逐漸上升，內外受熱均勻，可避免蕪菁煮到碎裂。

2 轉中弱火，覆上內鍋蓋煮 10 分鐘。放入莖葉煮 5 分鐘，關火放涼。

中弱火⇒ 關火  15 分⇒ 放涼

內鍋蓋有助於湯汁對流，可用烘培紙製作，使用前要先淋濕使之附著於食材表面。為防變色，葉子最後才放下去煮。

case study #019

燉煮蘿蔔絲

和食裡一定會出現的家常備用菜肴。用胡麻油拌炒，香濃美味。除了當配菜，也是便當菜的最佳選擇。

材料 ： 約 2 人份

蘿蔔絲乾	30g
油炸豆腐皮	2 片（30g）
紅蘿蔔	⅙ 根（30g）

簡單沖洗後擰去水分 ↓ 蘿蔔絲乾

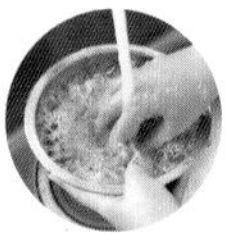

切成 4cm 長的細絲 ↓ 紅蘿蔔

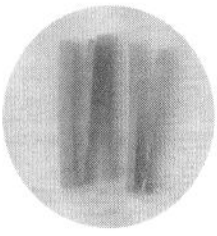

切成 4cm × 1cm 的長條狀，水洗揉搓後擰乾 ↓ 油炸豆腐皮

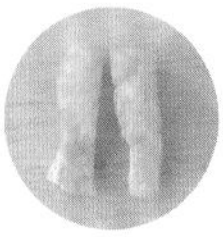

胡麻油	1 小匙

高湯	180 mℓ
醬油	1 大匙
味醂	1 大匙
砂糖	½ 大匙

作法 ：

1 把水洗後的蘿蔔絲放進調理盆裡，倒水 300ml，靜置 15 分鐘。稍微擰乾。

重量是乾燥時的 4 倍

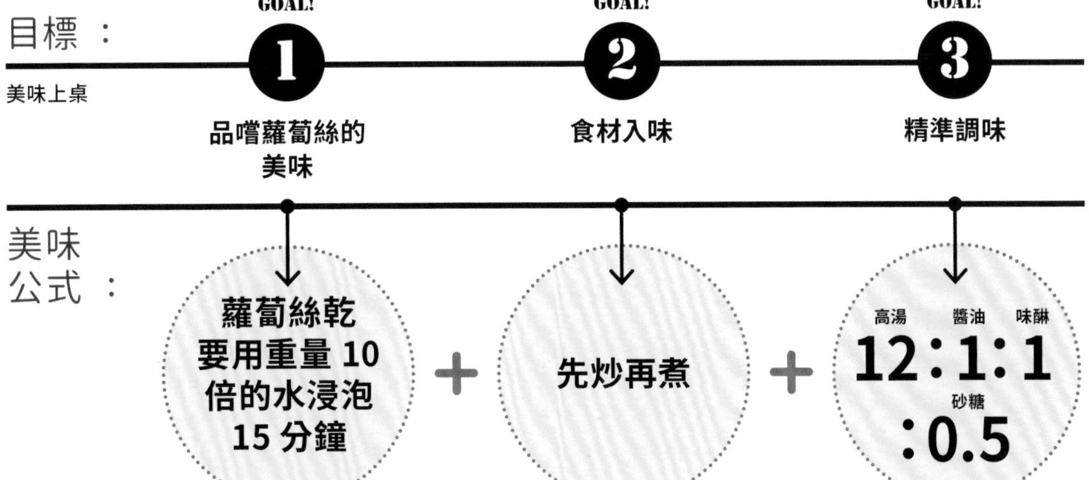

蘿蔔絲乾泡水後，會吸水變成原來重量的4倍，因此要準備比泡水前重量約10倍的水來浸泡較為妥當，過多則會造成蘿蔔絲的美味成分麩胺酸和水溶性維生素過分流失。浸泡時間也不宜過長，以15分鐘為適。

原因是**炒過之後，蘿蔔絲的水分蒸發，容易吸收調味料**。未經炒過直接下湯，蘿蔔絲的水分會沖淡口味，煮起來也會水水的。炒的時候用胡麻油能增添特殊風味，也能蓋過蘿蔔絲特有的味道。

該調味醬汁鹽分濃度為1.4%，**高出一般人感覺美味的1%，是為了延長常備菜的保存時日**。蘿蔔絲很會吸汁，用八方高湯（高湯8：醬油1：味醂1）來調味又顯得口味過重，因而折衷取用與可啜飲湯汁的燉菜調味比例（高湯15：醬油1：味醂1）的中間值做標準。

2 在鍋裡倒胡麻油加熱，放入紅蘿蔔炒1分鐘。放入蘿蔔絲炒1分鐘，放油炸豆腐皮下去一起攪拌。

 大火 ⇒ 中火　預熱30秒 ⇒ 1分鐘 ⇒ 1分鐘

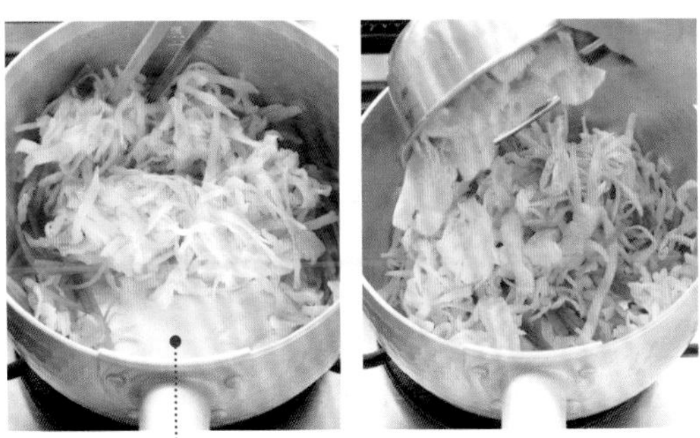

從不容易熟的食材開始炒起。當紅蘿蔔的色素溶出，把油染成橘色時就表示已經熟了。

3 倒入高湯、味醂、砂糖和醬油，蓋上鍋蓋，轉中弱火煮10分鐘。取下鍋蓋，轉中火煮到收汁。

 中弱火 ⇒ 中火　10分鐘 ⇒ 1～2分鐘

從鍋底翻攪上來，讓水分蒸發。

case study #020

茶碗蒸

茶碗蒸雖然是和食當中屬高段技巧的料理，成功的秘訣卻很簡單，主在比例、攪拌方式和炊蒸的溫度，尤其是最後一項，不要依賴經驗，建議使用溫度計確實做好溫控。

最後放上鴨兒芹增添色彩。

盛盤前的 memo

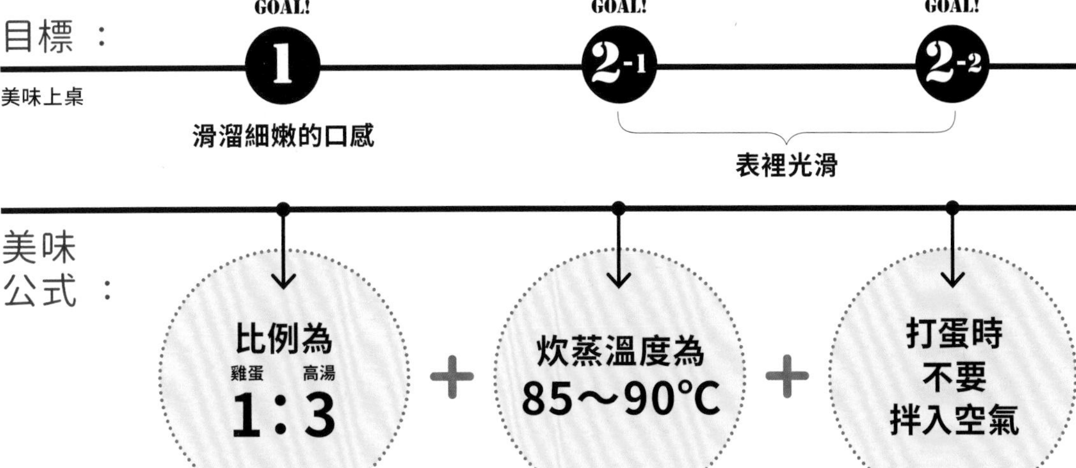

美味公式：

比例為 雞蛋 高湯 1：3 ＋ **炊蒸溫度為 85～90°C** ＋ **打蛋時不要拌入空氣**

雞蛋和高湯的比例會影響口感和蛋汁凝固的程度。**蛋的用量少，茶碗蒸就難以凝結成固狀，低於20%則變得湯湯水水的；反之若比例過高，感覺又不夠嫩，而且凝固的溫度降低，容易製造空洞，有損滑溜的口感。**茶碗蒸的雞蛋與高湯黃金比例為1：3～4（容量比），本篇採用的是容易凝固的1：3。

茶碗蒸表裡產生細小空洞的原因是，在**高溫加熱的狀態下，雞蛋的蛋白質會先在80°C時完全凝固，爾後蛋白質裡的水分因沸騰而蒸發，就會形成氣泡狀的空洞。**為防止空洞的產生，蒸籠的溫度要控制在不會產生水蒸氣的90℃以下，以及能讓蛋汁凝固的溫度之間。

另一個導致空洞產生的因素是打蛋等調理過程中進入蛋汁裡的空氣。**使用打蛋器快速攪拌的話，很容易蒸出百孔千瘡的茶碗蒸，忌蠻力打蛋，**需用筷子抵著調理盆的底部攪動，盡量避免氣泡產生，最後以麵粉篩過濾蛋汁，除去被拌入的空氣。

材料：
2人份

雞蛋	2 顆
高湯	300 mℓ
薄口醬油	1 大匙

＊沒有薄口醬油，也能用 2/3 大匙的醬油加少許鹽來取代

雞柳	½ 條
蝦	2 隻
魚板（切成薄片）	2～3 片
香菇（切成薄片）	1 朵

預先調味用的高湯	150 mℓ
預先調味用的醬油	1 小匙

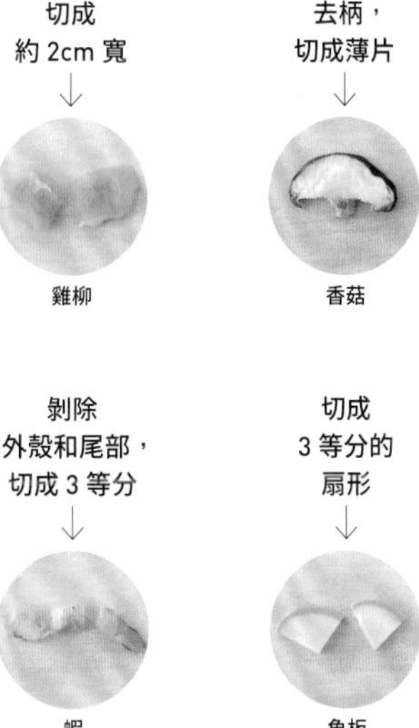

作法：

1 香菇先用高湯煮過。雞柳和蝦子預先用醬油調味。

中火 8分鐘

在鍋裡倒入預先調味用的高湯150ml，水滾後放入香菇煮8分鐘到變軟為止。靜置放涼。

在調理盆裡放入雞柳和蝦子，倒入預先調味用的醬油，攪拌後靜置1分鐘。

蛋確實打勻後倒入鹽和薄口醬油，用調理筷攪拌，盡量不要有氣泡產生，最後用麵粉篩等過濾蛋汁。

用筷子抵著盆底
劃Z字型的方式攪拌，
可減少氣泡的產生。

用麵粉篩等
網眼較細的濾網
過濾蛋汁

3 在茶碗裡放入1的香菇、蝦子、雞柳和魚板，倒入2的蛋汁。把碗放進水蒸氣蒸騰的蒸籠裡，蓋上鍋蓋，開大火煮1分鐘。稍微移動鍋蓋，呈不完全密閉的狀態，轉小火（85～90℃）炊蒸10～15分鐘。

 大火⇒小火 1分鐘⇒10～15分鐘

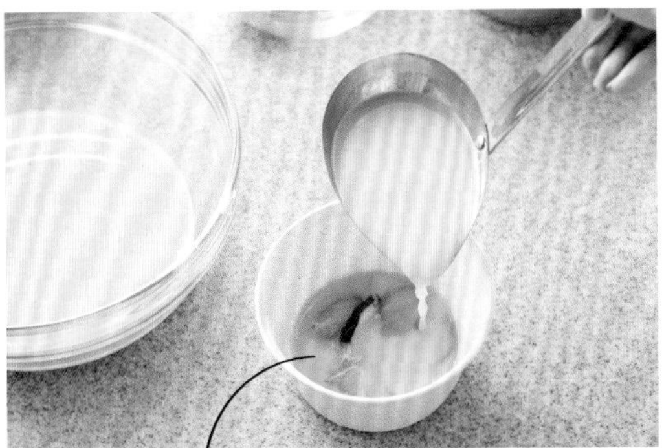

表面浮現氣泡時，用點火器燒一下可簡單除泡。

蒸籠的蓋子要稍微掀開，避免溫度升高，這時最好用溫度計做確認，當溫度上升時掀蓋降溫。在90℃的狀態下炊蒸10～15分鐘，85℃則為30分鐘。

輕晃茶碗，確認蛋汁已經凝固即可取出，否則就要再度用小火炊蒸，每2分鐘做一次確認。晃動茶碗時要特別謹慎小心，一旦蛋汁在凝固途中因晃動而產生裂縫就再也無法恢復原狀。

《沒有蒸籠怎麼辦》

在鍋底鋪上一層薄薄的毛巾，倒入約5cm高的熱水，然後排放茶碗，如此可減緩炊蒸時的晃動。為免鍋蓋的水蒸氣滴落到茶碗裡，鍋蓋要用毛巾包起再上蓋。用中火蒸1分鐘，轉小火蒸10分鐘，關火靜置10分鐘。

case study #021

什錦炊飯

這道料理很簡單，在內鍋放入米、調味料、食材，調整一下水量就能用電子鍋自動炊煮。一旦心血來潮想自行變換食材，卻又很猶豫食材比例和調味料用量時，可運用本篇記載許多不用參考食譜也能自己來的技巧。

盛盤前的 memo

最後放上鴨兒芹增添色彩。

材料 ： 540 mℓ分

白米	540 mℓ（450 g・3 杯）	清酒	3 大匙
		醬油	3 大匙
		高湯	約 495 mℓ

調整用量，米＋酒＋醬油＋高湯＝1080 g。

雞腿肉	150 g	蒟蒻	¼ 片（50 g）
牛蒡	50 g	鴻喜菇	½ 包（50 g）
紅蘿蔔	50 g	油炸豆腐皮	1 枚（15 g）

切成一小口大小 ↓

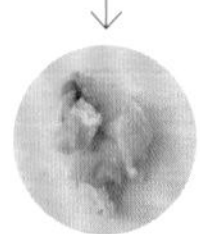

雞肉

削切成片 ↓

牛蒡

切成 5mm × 3cm 的長方形 ↓

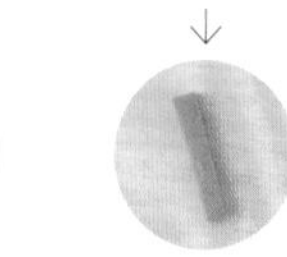

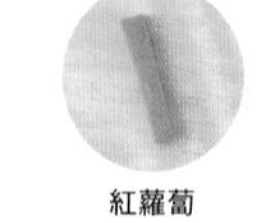

紅蘿蔔

切成 5mm × 2cm 的長方形 ↓

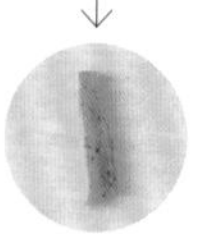

蒟蒻

分成小朵 ↓

鴻喜菇

切成 5mm × 3cm 的長方形 ↓

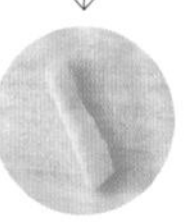

油炸豆腐皮

作法 ：

1 洗米（參考第 19 頁）**，置於濾網，覆上保鮮膜靜放 30 秒。**

洗米後可依個人喜好選擇是否浸泡。本篇想煮出Q彈如糯米飯的口感，採用的是洗後置於濾網不泡水，覆蓋保鮮膜靜置30分鐘的方式。

目標：

美味上桌

GOAL! **1** 米和食材均衡調配

GOAL! **2** 精準調味

GOAL! **3** 加水量恰到好處

美味公式：

食材用量以米的重量80%為標準 ＋ **1杯180ml的米使用1大匙醬油** ＋ **米＋水分（酒、醬油和高湯等）＝360g**

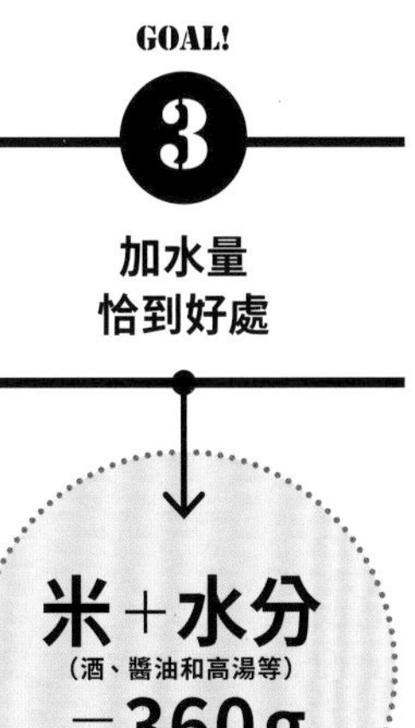

炊飯的食材用量大約是米重量的80%，亦即1杯180ml的米佐以120g的食材為適。食材就算不多也很好吃，可自行調整種類和用量，過多反而會影響炊飯的品質。用電子鍋煮的話，以米加食材大約是內鍋容量的6成左右為標準，如此可確保煮後不留米心。

炊飯的調味比例計算對象不在食材，而在於米，因此食材多寡不影響調味。這裡的鹽分濃度設定在0.8%，低於1%，是考慮到搭配其他菜肴一起食用的情況，口味較淡，正好是「1杯180ml的米搭配1大匙醬油」。

炊飯的加水量僅以炊煮米粒的用水為考量，無須考慮到食材，計算方式跟第19頁的白米飯一樣。酒和醬油都算在水分裡，比較方便的方式是先放入酒和醬油，再根據最終重量來調整高湯的使用量。此外，**液體越是冰冷，越能煮出香甜的米飯，最好使用冷藏後的高湯。**

2 在電子鍋的內鍋放入米、酒和醬油，倒入高湯以及其他所有食材鋪平後啟動炊飯模式。

 電子鍋的快速炊飯模式（用鍋子煮的話，參考第20～21頁）

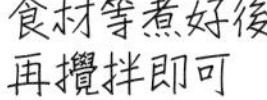 電子鍋的快速炊飯模式（用鍋子煮的話，參考第20～21頁）

食材鋪放在白米之上，不與米做攪拌，才不會阻礙米的對流，導致部分米粒沒煮熟、殘留米心，也能促進水分蒸發，不致變得黏乎乎的。

3 煮好後拌飯，從底部翻攪上來。

食材等煮好後再攪拌即可

case study #023

牛肉丼飯

牛肉丼飯是簡單、美味又能填飽肚子的人氣料理。只要能確實煮出洋蔥的甜味，在家也能重現不輸給專門店的好味道。

盛盤前的 memo

盛在已經備好飯的碗裡，依個人喜好附上水煮過的豌豆和紅薑。

材料 ： 2 人份

牛肉切片（有的話選肩胛肉）	200 g
洋蔥	200 g

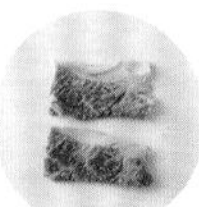
牛肉
← 切成 2 ～ 3cm 寬

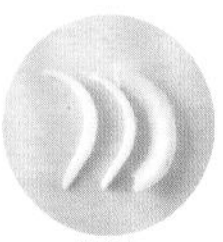
洋蔥
←切成薄片

高湯	160 mℓ
清酒	1⅓ 大匙
砂糖	1⅓ 大匙
醬油	1⅓ 大匙
薑汁（依個人喜好）	1 小匙

＊牛肉丼飯的黃金調味比例⇒高湯 8：醬油 1：清酒 1：砂糖 1

作法 ：

1 在小一點的平底鍋裡放入洋蔥、高湯、酒、砂糖，開大火，沸騰了蓋上鍋蓋轉中火煮 6 分鐘。

大火 ⇒ 中火  沸騰 ⇒ 6 分鐘

若想留下洋蔥清脆的口感，也可先用少許油炒過（1～2分鐘），再煮到自己喜歡的軟硬程度，但這時洋蔥的用量改為160g比較合適。

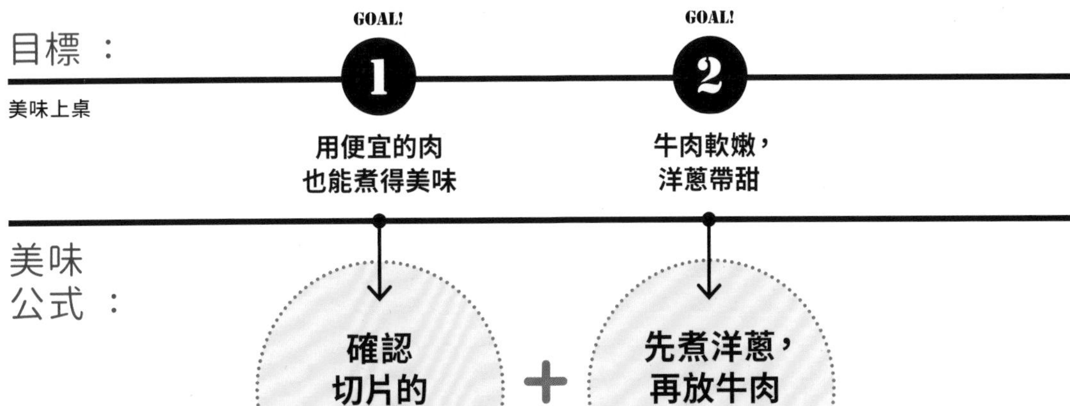

美味公式：

確認切片的使用部位 ＋ **先煮洋蔥，再放牛肉下去煮**

日本超市裡常見的肉類標示有分「切片」和「碎肉」。「切片」是特定部位切下的碎肉，大多會標示使用的部位，如「腿肉切片」、「肩胛肉切片」等。「碎肉」則是收集不特定部位的肉。**尤其建議選用肩胛肉，因其位於心臟之上，支撐身體的結締組織較少，肉質軟。**

跟第78頁的親子丼說明一樣，**先用90°C以上的高溫烹煮洋蔥6分鐘，引出洋蔥裡的醣分。**跟洋蔥比起來，**牛肉的蛋白質在65°C時即熟，長時間高溫加熱會讓肉變老。**因此牛肉要等洋蔥變軟之後再放入，短時間加熱即可。

2 在鍋內倒入醬油、薑汁和牛肉，不要蓋鍋蓋，用中弱火煮 3 分鐘。

 中弱火　　3 分鐘

使用進口牛肉等肉的味道強烈的情況下，可先用熱水汆燙到表面變白的程度，約時10秒，再入鍋煮食。注意，汆燙後不泡冰水。

case study #024

日式肉燥飯

常見的便當料理。看似簡單卻很容易煮得過乾或是大小不均，不易做得好看。本篇傳授色味俱全的日式肉燥飯做法。

盛盤前的 memo

在已經盛好飯的碗裡，分別鋪上二分之一的肉燥和蛋鬆。可根據喜好在中間擺上水煮四季豆，變成三色蓋飯。

材料 ： 容易製作的份量

[蛋鬆]

雞蛋	3 個
高湯	1 大匙
砂糖	1 大匙
味醂	1 大匙
鹽	1 小撮（1g）

[肉燥]

雞絞肉	200 g
醬油	2 大匙
砂糖	2 大匙
水	50 mℓ

事前準備

蛋鬆　　肉燥

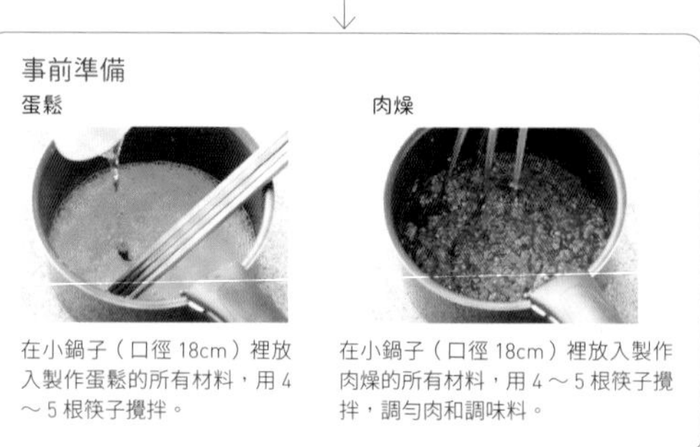

在小鍋子（口徑 18cm）裡放入製作蛋鬆的所有材料，用 4 ～ 5 根筷子攪拌。

在小鍋子（口徑 18cm）裡放入製作肉燥的所有材料，用 4 ～ 5 根筷子攪拌，調勻肉和調味料。

作法 ： 蛋鬆

1 把食材放入鍋中開中火用 4 ～ 5 根筷子不斷攪拌，靠近鍋緣處開始凝固時轉小火，持續攪拌 2 分鐘。

中火 ⇒ 小火  靠近鍋緣處開始凝固 ⇒ 2 分鐘

在中火加熱的過程中不斷地用筷子攪拌。蛋汁會從靠近鍋緣處開始凝固，然後一下就延伸到全面，得在第一時點轉小火，持續攪拌成細碎的蛋鬆。

目標：

美味上桌

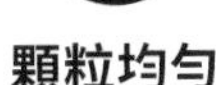

GOAL! 1 **顆粒均勻**

GOAL! 2 **不會煮到過乾**

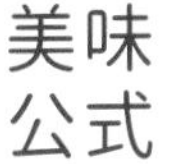

美味公式：

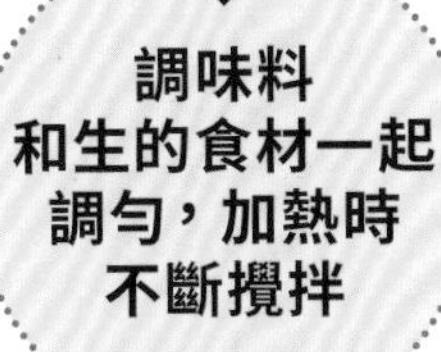

調味料和生的食材一起調勻，加熱時不斷攪拌 ＋ **抓準加熱的時點**

蛋白質有受熱凝固的性質，**凝固後不易入味，因此雞蛋和絞肉都需要在加熱前先混合調味料**，尤其是絞肉在加水後能避免所有的肉集聚成一個大肉丸子。持續且充分的攪拌對製作蛋鬆和絞肉來說是重要關鍵，用4～5根筷子分散攪拌更有效率。

蛋白質在受熱變性之後，與之結合的水分會分離出來。以肉來說，其蛋白質在40℃左右開始凝固，逐漸變硬，約莫60℃時水分一下從中分離而出。在此時點，肉本身已經變熟，持續煮可使之更加入味。為免肉質乾燥，煮到湯汁剩一半左右剛好。

作法：肉燥

1 把食材放入鍋中攪拌完畢後，開中火，用4～5根筷子不斷攪拌6分30秒。

中火 6分30秒

一開始整鍋肉會凝結在一起，持續攪拌後會逐漸分散開來。拌煮到湯汁剩下一半時，變得更加入味可口。

2 在顆粒變細，顯現光澤之後，把鍋子移放到擰乾的濕抹布上，持續攪拌1分鐘，然後把蛋鬆鋪放在調理盤上冷卻。

小火 ⇒ 移開火源　1分鐘 ⇒ 1分鐘

「顯現光澤」是因為蛋的蛋白質完全凝固之後，所含的水分流出的關係。在這個時點把鍋子從火源移開，放在濕抹布上冷卻的同時持續攪拌1分鐘，讓顆粒變得均勻細碎。

case study #025

豆皮壽司

這是讓人想為遠足和運動會等季節性活動準備的代表性料理。本篇主要介紹醋飯的製作方式，以及油炸豆腐皮的煮法和包裹方式等重點。

可根據喜好附上甜醋醃漬的壽司薑片。

盛盤前的 memo

目標：

美味上桌

合宜的醋飯 / 飯粒分明 / 酸甜適中

美味公式：

用米＋水＝345g來調整加水量 ＋ 在米飯熱氣蒸騰的時候澆淋壽司醋，邊攪拌邊散熱 ＋ 壽司醋用量為米飯的約12%，醋和糖的比例為2:1

因醋飯是在煮熟後灑醋，煮米的加水量也就相對減少，設為洗米前的米粒重量1.2倍。以1杯180ml＝150g的米來說，要以米＋水＝345g的最終重量來調整加水量。345g的計算方式為米重＋米重×（120%＋洗米時的吸水量10%）＝150g＋150g ×（1.2＋0.1）＝345g。3杯米會以最終1035g來調整加水量。

壽司醋無法滲入冷飯裡，一定要趁米飯熱氣蒸騰的時候一邊澆淋壽司醋，一邊用扇子散熱，讓飯粒表面的水分蒸發，防止飯粒黏在一起。此外，盛飯用的器皿若非木桶，而是調理盆的話，因其不吸水，壽司醋的配方用量也要減少到80%。

壽司醋的用量約是煮好的米飯重量12%，同比例也適用於市售的壽司醋。自製壽司醋時，糖和醋的比例因人而異，一般來說用於散壽司飯時口味偏甜，手卷壽司、握壽司和豆皮壽司則偏淡。本篇介紹的是容易記憶的「醋2：砂糖1」配方。

材料：

分量 12 個

油炸豆腐皮		6片
A	水	150 mℓ
	醬油	2 大匙
	味醂	2 大匙
	砂糖	2 大匙

＊水：醬油：味醂：砂糖＝5：1：1：1

壽司飯（分量 270 mℓ）	
米	270 mℓ（225 g　1.5 杯）
水	用米加水最終為 518g 來調整

［**壽司醋**］

醋	6 大匙
砂糖	3 大匙
鹽	1 小匙

混合調勻

事前準備

油炸豆腐皮將長的一邊對切成兩半，翻開成袋狀。

去油。在鍋裡倒入大量的水煮沸，放入油炸豆腐皮煮 1 分鐘，取出置於濾網上，放涼後擰乾。

洗去表面的油膜，更能入味。

作法：

1 煮油炸豆腐皮。在鍋裡放入 A 和去了油的豆腐皮，蓋上有點重的內鍋蓋，用中弱火煮 10 分鐘。

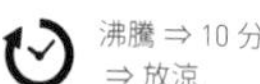

中火 ⇒ 中弱火 ⇒ 關火

沸騰 ⇒ 10 分鐘 ⇒ 放涼

↓

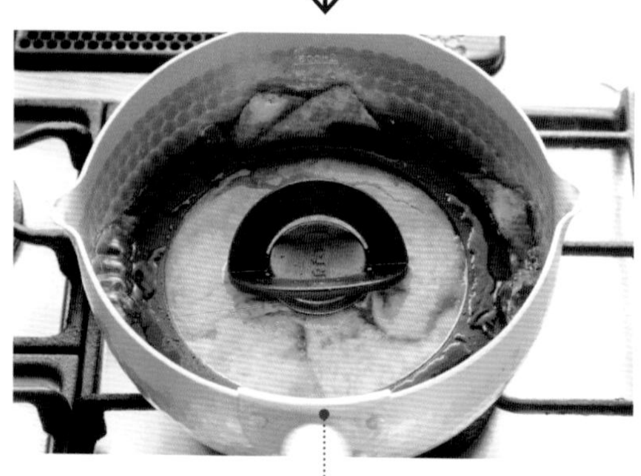

為了不讓豆腐皮浮上來，可使用比鍋子口徑小一點的鍋蓋或盤子等充當內鍋蓋。

↓

放涼一點後，連同湯汁一起裝進塑膠袋，擠出袋子裡的空氣，放到變冷，讓豆腐皮能全面入味。

2 煮壽司飯。洗米，加水達最終重量，浸泡 30 分鐘。使用電子鍋快速炊飯功能煮飯。

電子鍋快速炊飯模式

泡水 30 分鐘 ⇒ 快速炊飯模式

洗好米後選擇泡水或是置於濾網上的處理方式，會影響炊煮後的口感（參考第19頁）。泡水30分鐘再入電子鍋，能煮出粒粒分明的米飯，便於拌入壽司醋。

↓

煮好飯的狀態

↓

預先將木製壽司桶浸濕

3 把米飯從電子鍋移到壽司桶裡，澆淋壽司醋，邊翻鬆飯粒邊用扇子搧涼。重複翻鬆與搧風的動作。

無需在內鍋裡拌飯，直接把飯從內鍋倒進壽司桶，澆淋壽司醋後再加以翻鬆

↓

飯匙沿壽司桶紋路的方向，以斜切的方式翻鬆飯粒

↓

一邊拌飯一邊用扇子搧涼。也可用電扇。翻動加搧涼共一分鐘，反向再重複一次。

↓

使用擰得很乾的濕布覆蓋保濕

4 擰乾豆腐皮，每塊放入約 45g 的醋飯。醋飯要確實塞進袋裡，再包起來。

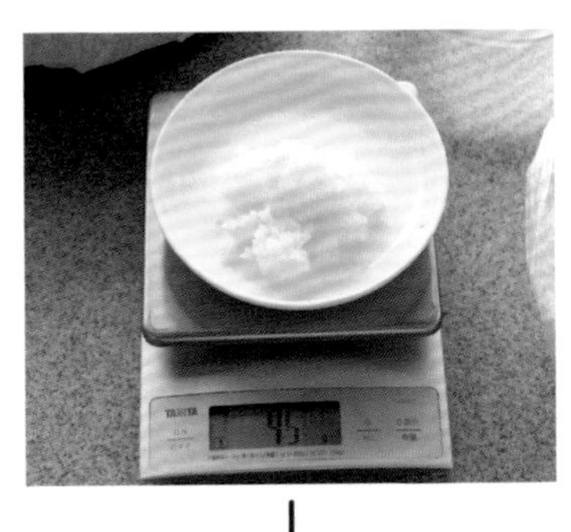

↓

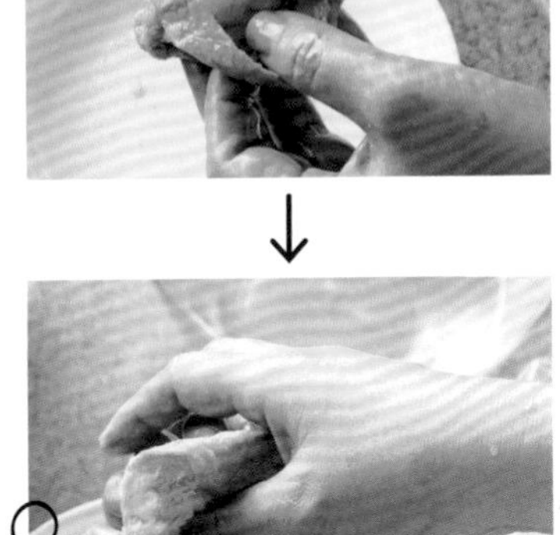

把 45g 的醋飯捏成橢圓狀，打開豆腐皮袋口，放進袋裡

↓

用擠壓的方式確實填塞袋子底部的兩端

↓

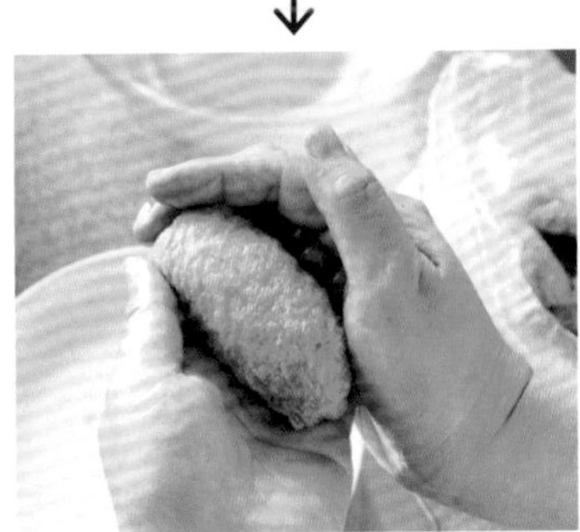

包成圓柱狀（俵形）

case study #026

壽司卷（細卷・粗卷）

壽司卷是自製壽司料理當中讓很多人感嘆難度之高的一品。但只要記住一點技巧，新手也能挑戰成功。

盛盤前的 memo

根據喜好切成6～8等分後盛盤。

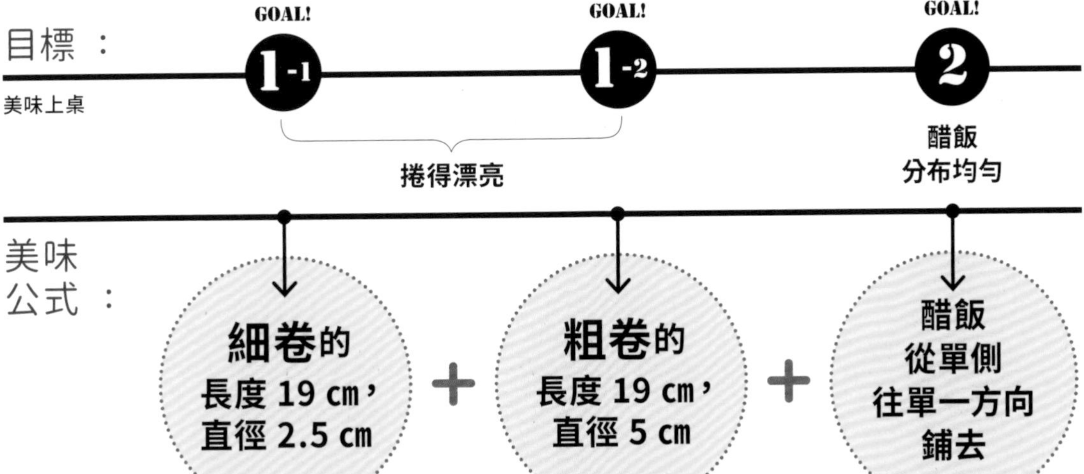

細卷的最佳均衡狀態是捲成長度19cm、直徑2.5cm的圓柱。1根細卷使用的食材分量為全形海苔1/2片（19 × 21cm的一半）、醋飯80g、餡料10～20g（以葫蘆乾2條或小黃瓜1/4條等為標準）。**海苔後方留1cm做為預備黏合處，其餘部分鋪滿醋飯，餡料置於醋飯中央。**

在家自製粗卷也能得心應手的最佳均衡狀態是捲成長度19cm、直徑5cm、內餡直徑約3cm的圓柱。1根粗卷使用的食材分量為全形海苔1片（19 × 21cm）、醋飯240g。海苔後方留3cm做為預備黏合處，其餘部分鋪滿醋飯，餡料的排放區間是醋飯的中央線往後算起3cm的範圍內，高度標準是3cm。

觸摸醋飯的次數越多，越是黏膩沾手，這時可用醋水洗手，也可穿戴特殊壓紋加工的防沾黏塑膠手套。從中央向四方鋪平醋飯，只會增加不必要的碰觸機會，**較有效率的方法是取一團米飯從單側往反向鋪去。**粗卷的話，要分2次執行。

材料：

細卷 2 卷

醋飯（參考第 86 頁）	160 g（1 卷 80 g）
海苔	全形 1 枚

根據海苔上的折線折成兩半

小黃瓜	¼ 條
甘煮葫蘆乾（參考底下作法）	2 條（10～20 g）

［**甘煮葫蘆乾**］（容易製作的分量）

葫蘆乾	20 g
鹽	1 小匙
酒	130 mℓ
味醂	2 大匙
砂糖	3 大匙
醬油	1⅔ 大匙（30 g）

事前準備

葫蘆乾水洗後擰乾，撒鹽揉搓 5 分鐘左右。

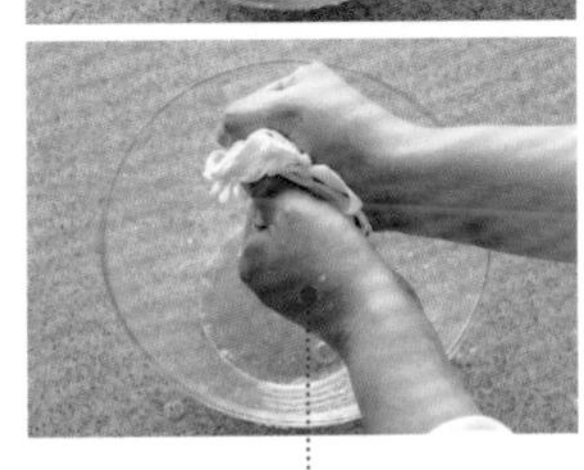

充分揉搓能引出葫蘆乾獨特的彈性，降低煮爛的機會。

作法：

1 水煮葫蘆乾。洗去鹽分後放入沸騰的水中（約 1.5ℓ）用中火煮 5 分鐘。置於流水下冷卻，切成 19cm 的長條。

大火 ⇒ 中火  沸騰 ⇒ 5 分鐘

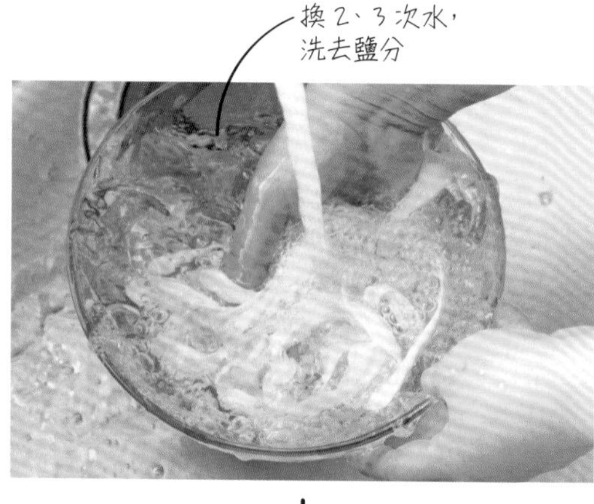

↓

↓

2 在鍋裡放入酒、味醂、砂糖、醬油，水滾後放入擰乾的葫蘆乾，轉中強火煮 5 分鐘，攪拌續煮 3 分鐘。

中強火　30 秒（直到醬汁煮開為止）⇒ 5 分鐘 ⇒ 3 分鐘

↓

↓

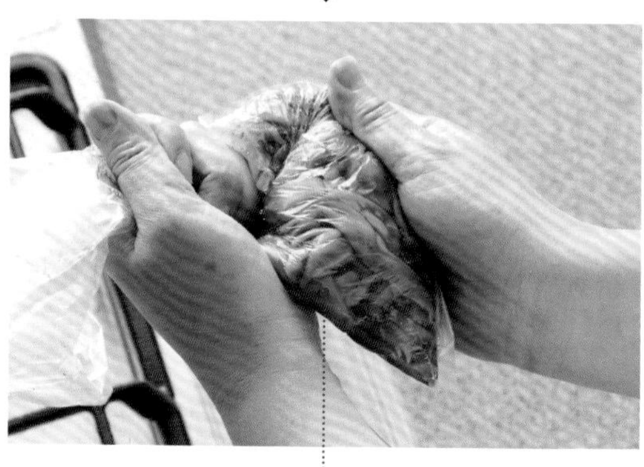

放涼後連同醬汁一起放進塑膠袋，擠出空氣，綁好袋口讓葫蘆乾全面入味。

3 把折成兩半的海苔其中一片放在壽司捲簾上，預留海苔後方 1cm 的寬度，其餘全面鋪上 80g 的醋飯。在醋飯中央放上葫蘆乾，從靠近自己的那一側（前方）對著反向的醋飯（後方）捲去。把壽司卷滾向後方，黏合起來。

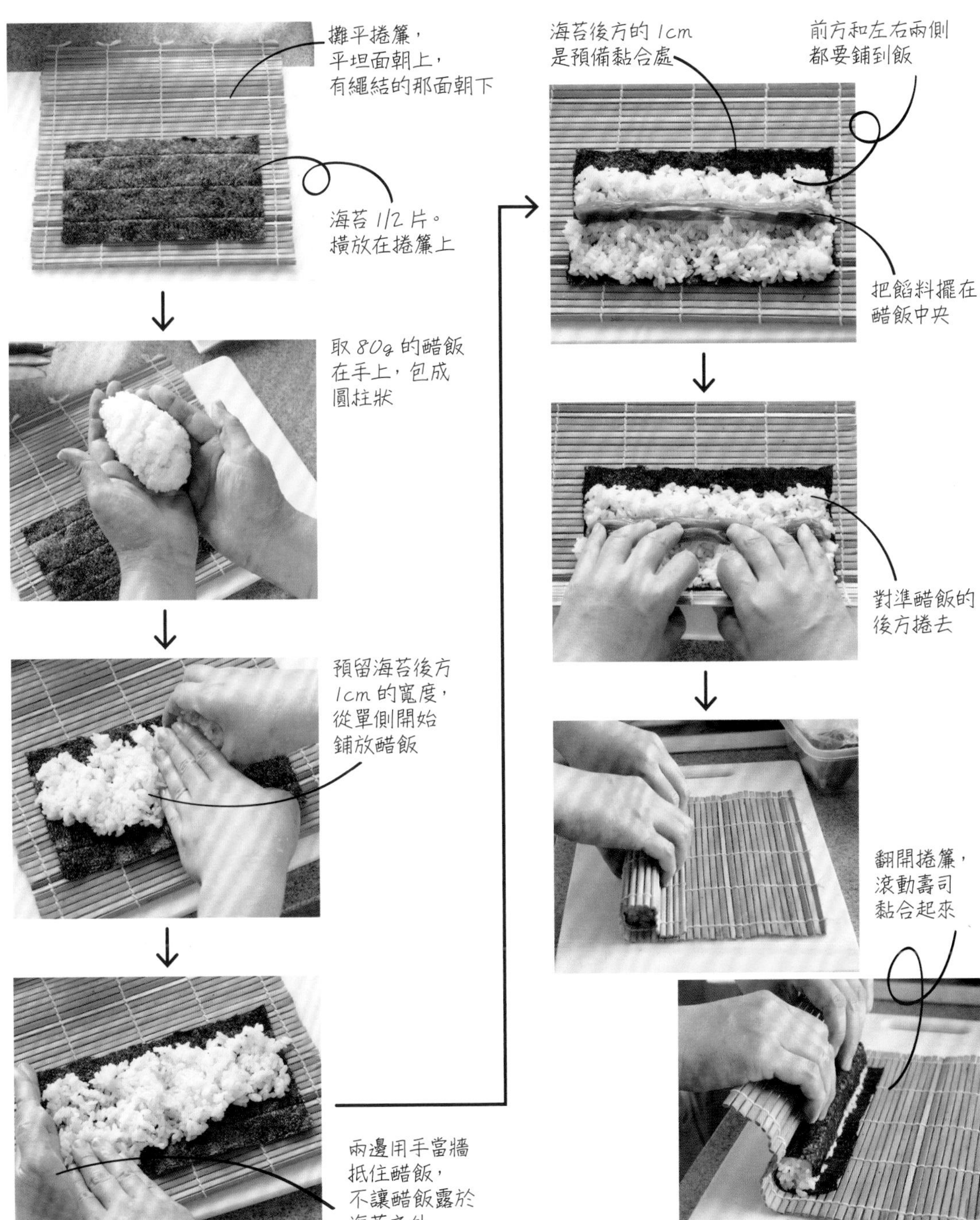

材料 ：粗卷 2 卷

醋飯（參考第 86 頁）	480 g（1 卷 240 g）
海苔	全形 2 片
厚燒蛋卷（參考第 10 頁）	1cm 寬的四方棒狀（45g）
小黃瓜	½ 條
甘煮葫蘆乾（參考第 89 頁）	4 條（20～40 g）
喜歡的餡料	（水煮蝦 6 片、蒲燒鰻 1/3 片、魚鬆 2 大匙等）

食材配合海苔的寬度，切成 1cm 寬的棒狀。

作法 ：

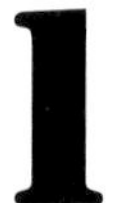

1 把海苔放在壽司捲簾上。預留海苔後方 3cm 的寬度，分 2 次鋪上醋飯。

捲簾的平坦面朝上，有繩結的那面朝下擺放。全形海苔大小為19 × 21cm。粗卷要把海苔長的那邊做縱向排放，摸起來粗糙的那面（海苔的反面）朝上。

取 120g 的醋飯在手上，包成圓柱狀

預留海苔後方 3cm 的寬度，從上半部開始鋪飯

兩邊用手當牆抵住醋飯，不讓醋飯露於海苔之外

在海苔的下半部鋪放 120g 的醋飯。分上下 2 次鋪飯比較有效率

2 排放餡料，範圍是醋飯中央往後3cm 的區域內。

(高約3㎝)

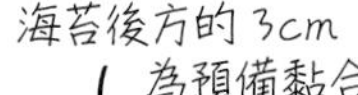

海苔後方的 3cm
為預備黏合處

餡料排放區的寬度
為 3cm

↓

放置餡料處。
高度以 3cm 為標準

從前方對準
醋飯後方的方式捲去

3 從靠近自己的那一側(前方)對著反向的醋飯(後方)捲去。滾動壽司黏合起來，最後是塑形。

用兩手的大姆指和食指抓起前方的壽司捲簾，
其餘的手指壓住餡料。

↓

向後方滾動壽司
黏合起來

↓

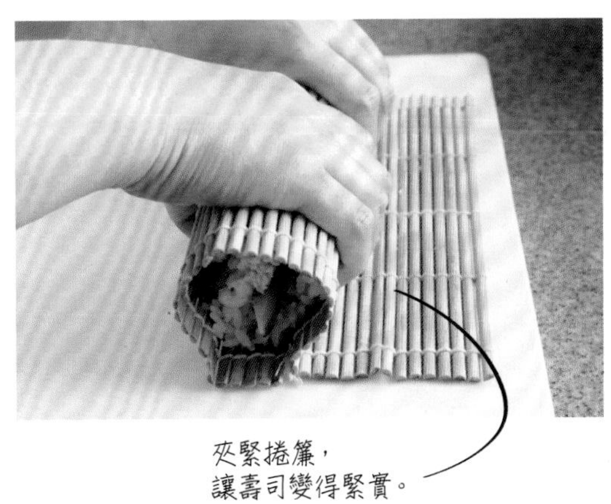

夾緊捲簾，
讓壽司變得緊實。

case study #027

蕎麥麵·烏龍麵的湯汁與蘸醬

關東·關西風味

有自製的高湯（參考第22頁）就能簡單變出蕎麥麵和烏龍麵的湯汁或蘸醬，再也無需購買市售品，並可根據關東色濃和關西色淡等地方麵食特色或個人喜好，品嚐不同的味道。

目標：

美味上桌

GOAL! 1 關東風味

GOAL! 2 關西風味

美味公式：

熱·蕎麥麵湯汁
高湯 味醂 醬油
20:1:1

冷·素麵蘸醬
高湯 味醂 醬油
4:1:1

關東麵食用的是普通醬油，在日本又稱「濃口醬油」。醬油風味同時也是關東麵食的特色，熱湯的鹽分濃度為可飲用的0.9%左右，而蘸素麵食用的醬汁鹽分濃度為3%，亦適用於蘸汁食用的涼蕎麥麵等。

熱·烏龍麵湯汁
高湯 味醂 薄口醬油
20:0.5:1
+柴魚片·高湯重量2%

冷·烏龍麵拌麵醬
高湯 味醂 薄口醬油
8:0.5:1
+柴魚片·高湯重量2%

關西麵食的高湯裡又加了柴魚片，形成美味雙享的風味。用的是薄口醬油（淡色醬油），顏色雖淡，鹽分濃度比普通醬油還要高，麵食的熱湯濃度為1%。

＊使用含鹽的顆粒狀高湯或高湯包時，需減少醬油的用量。

關東風味

材料：
2 人份

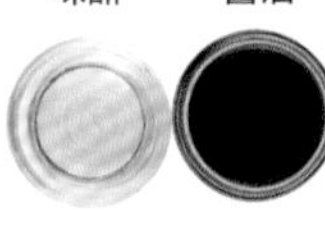

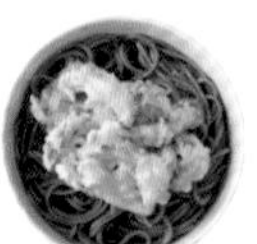

[第 94 頁 關東風味天婦羅蕎麥麵（熱・湯汁）]

高湯	600 mℓ
醬油	2 大匙（30 mℓ）
味醂	2 大匙（30 mℓ）

[素麵（冷・素麵蘸醬）]

高湯	160 mℓ
醬油	40 mℓ
味醂	40 mℓ

作法：

1 在鍋裡倒入高湯、醬油、味醂，開大火。

2 沸騰後轉中火煮 5 秒左右，關火。
熱食用的湯汁直接盛入碗裡。
冷食用的蘸醬待冷藏後使用。

大火 ⇒ 中火　 沸騰 ⇒ 5 秒

↓

關西風味

[天婦羅油渣烏龍麵（熱・湯汁）]

高湯	600 mℓ
味醂	1 大匙
薄口醬油	2 大匙
柴魚片	12 g

[第 94 頁 炸豆皮涼拌烏龍麵（冷・烏龍麵拌麵醬）]

高湯	240 mℓ
味醂	1 大匙
薄口醬油	2 大匙
柴魚片	5 g

作法：

1 在鍋裡倒入高湯、醬油、味醂，開大火。

2 沸騰後放入柴魚片，關火，靜置 1 分鐘。使用細網眼的濾網過濾湯汁。熱食用的湯汁直接盛入碗裡，冷食用的拌麵醬待冷藏後使用。

強火 ⇒ 關火　 沸騰 ⇒ 放入柴魚片等 1 分鐘

↓

材料 ： 2 人份

洋蔥		50g
鴨兒芹		5g
櫻花蝦		5g
A	水	50 mℓ
	雞蛋	⅕個（10g）
	低筋麵粉	30 g
	鹽	少許（參考第 101 頁）

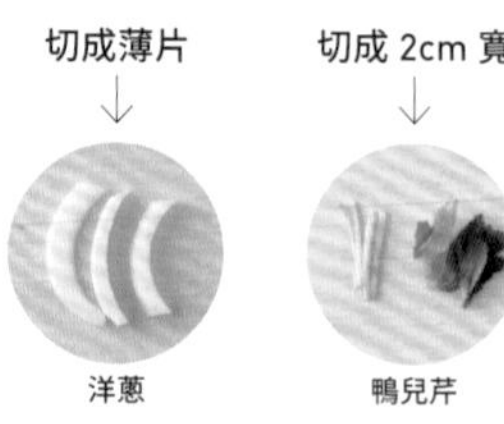

作法 ：

1 在塑膠袋裡放入洋蔥、鴨兒芹、櫻花蝦、低筋麵粉 1 小匙（分量外），讓袋子充滿空氣，握緊袋口搖晃。

2 製作天婦羅的麵衣。在調理盆裡依序放入 A 的材料，使用打蛋器攪拌到仍有麵粉殘留的程度。

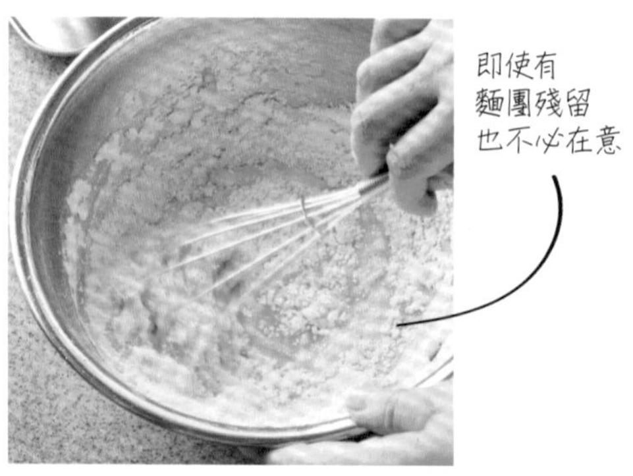

即使有
麵團殘留
也不必在意

3 放入 1 一半的量，用湯匙舀取沾裹麵衣。

用吃咖哩的
湯匙來舀剛好

4 在鍋裡倒油（分量外・用量是距鍋底 5cm 高），加熱到 160°C，輕輕放入 3 炸 2 分鐘。

中火（油加熱到 160℃）  2 分鐘

待冒泡的程度
舒緩，
食物浮上來
之後就可起鍋。

③

知曉其中道理的

料理知識

本章除了介紹廚房用具、調味料與調味料計量方法、食材重量標準以及切菜的方法之外，也涵蓋了書中個別料理的調味料比例，以及調味料的容量與重量換算表等邏輯式烹調不可或缺的資訊。

廚房用具的選擇與保養方法

這裡列舉了本書各項料理主要使用的工具，
考慮添購廚房用具的人不妨一同參考「選擇方法」。

	用具名稱	選擇方法	保養方法
切削・磨泥	【菜刀】	不鏽鋼和陶瓷等材質的刀具能避免生鏽、易於保養。選購時應挑選適合手掌大小，握起來順手的刀具。	洗淨後擦乾，保持乾燥。
	【砧板】	可依個人喜好選擇木製或樹脂製產品，但要注意材質需硬度適中，可適度承受刀切壓力，且不易損傷或沾汙者。	砧板容易滋生細菌，使用後應充分洗淨、晾乾。
	【磨泥器】	用來磨生薑和蒜泥的器具。有陶瓷和金屬製等材質，可依個人喜好選擇。	沖洗時要注意磨泥面板的凹凸之間是否留有殘渣。洗淨後擦乾，保持乾燥。
事前準備	【調理盆】	備齊大中小各種尺寸的盆具可應付各種需求。不鏽鋼材質輕便好用，但不可用微波爐加熱；玻璃材質雖然厚重，則無此限。	洗淨後擦乾，保持乾燥。
	【調理盤（附濾架）】	主要用來放置食材或烹飪過程中的食物。有濾架的話，也便於油炸起鍋時瀝油使用。	洗淨後擦乾，保持乾燥。
	【濾網】	用來過濾水洗或燙煮後的食材水分，亦可瀝汁，分離高湯的液體和固體物。	沖洗時要注意網孔裡是否卡有殘渣。洗淨後擦乾，保持乾燥。
計量	【量匙】	主要用於量取少量液體或粉末的容量，1大匙為15ml，1小匙是5ml。	洗淨後擦乾，保持乾燥。
	【量杯】	主要用於測量液體容量。最好選用刻度小到一定程度且便於觀察的量杯。	洗淨後擦乾，保持乾燥。

	用具名稱	選擇方法	保養方法
計量	【秤盤】	用來測量食材的重量。選用電子秤更精準。	使用後擦拭乾淨。
	【料理溫度計】	電子式料理溫度計的測量範圍可達-50℃～250℃，用起來方便。可在超市的廚房用品賣場和網路上用實惠的價格購得。	使用後擦拭乾淨。
加熱	【平底鍋】	備有口徑各約20cm以及24～26cm等2種平底鍋，可根據食材大小與容量區分使用。有合於口徑的鍋蓋更好。	使用後洗淨、擦乾。氟素樹脂塗層加工的平底鍋容易刮傷，應避免用鋼絨菜瓜布刷洗。
	【湯鍋】	烹調時根據食材大小與量選用鍋具是很重要的。本書用的鍋具有燙青菜的大鍋（口徑26cm，鋁製）、煮飯用的鑄鐵鍋（口徑20cm），以及燉煮用口徑18～20cm的不鏽鋼鍋或鋁鍋。	洗淨後擦乾，保持乾燥。
	【玉子燒專用鍋】	想做出四面方整的玉子燒，最好用平底鍋型的專用鍋。一般大小為長18x寬13cm。	洗淨後擦乾，保持乾燥。
攪拌・取出	【調理筷】	烹調用的長筷因前端多屬圓狀，不易夾取，一併使用木製的分食公筷等，更容易上手。	洗淨後擦乾，保持乾燥。
	【鍋鏟】	又叫「煎匙」，主要用來將食材翻面。	洗淨後擦乾，保持乾燥。
	【湯杓】	用來舀取味噌湯等湯汁和燉物。	洗淨後擦乾，保持乾燥。
	【打蛋器】	用來攪拌和打勻材料。若沒有打奶泡的需求，建議使用小型的攪拌棒會比製作西點用的大型打蛋器來得方便。	洗淨後擦乾，保持乾燥。

本書使用的調味料

這裡列出主要使用的調味料。使用在一般超市可便宜購買的商品即可。

名稱	目的	選擇方法
鹽	鹹味	食鹽大致可分成質細乾爽和狀如濕砂般鬆軟等2種類型，可依個人喜好選用。
胡椒	香氣、辣味	有白胡椒、黑胡椒和粗粒研磨黑胡椒等。可根據個人喜好或料理使用。
醬油	鹹味、鮮味	本書用的是濃口醬油（一般醬油）。使用薄口醬油（顏色淡而鹽度高）、溜醬油（又稱老抽，色濃而鹽度低）和薄鹽醬油時需調整用量。
酒	風味	由於料理米酒含有鹽分，本書用的是日本清酒。
味醂	甜味	分成「本味醂」和「味醂風味調味料」兩種，本書用的是「本味醂」。 ※本味醂酒精濃度為14%，在日本列屬酒精飲料，有購買年齡限制。味醂風味調味料的酒精濃度為1%。
味噌	鹹味、香氣	有米味噌、麥味噌和豆味噌等類別，使用的原料不同之外，風味也呈現區域特性。根據個人喜好或家裡有的味噌使用即可。
砂糖	甜味	有上白糖、白糖、三溫糖和蔗糖等，上白糖價格便宜，色白而不影響料理的顏色，用起來很方便。 ※白糖的結晶比上白糖稍粗，質地乾爽；上白糖因添加糖液，呈現濕砂般鬆軟的狀態。
醋	酸味	穀物醋和米醋是日式料理裡常見的食用醋。穀物醋酸度高，口味強勁，香氣淡薄而價格便宜，適用於加熱食用的料理。米醋有濃郁的芳香，適用於無需加熱的料理。
高湯	鮮味	在第22頁裡有介紹用柴魚片和昆布取高湯的做法。使用高湯包和高湯顆粒的話，建議選用不含鹽分的商品。
太白粉	勾芡、裹粉	用一般的太白粉即可。
麵粉	麵糊、裹粉	用一般的低筋麵粉即可。量不宜過多。
食用油	油脂	和食裡主要使用沒有獨特味道的沙拉油、米糠油、芥花油和玉米油等，想要增添香氣的話使用胡麻油。

調味料的計量方法

調味料的計量分成「容量」與「重量」2種，在料理的刊物中以容量計量為主，用的是大匙（15ml）和小匙（5ml）2種量匙 。

＊關於調味料的容量與重量換算，請參考第110頁的「主要調味料重量換算表」。

用量匙正確計量「1匙」的容量

計量食鹽、砂糖和粉類時

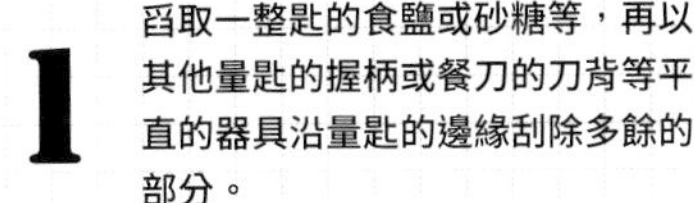

1 舀取一整匙的食鹽或砂糖等，再以其他量匙的握柄或餐刀的刀背等平直的器具沿量匙的邊緣刮除多餘的部分。

2 跟開口高度一樣時就正好是1匙的容量。

計量醬油和食用油等液體時

「1匙」等於滿匙的狀態。

用量匙計量「1/2匙」的容量

左圖為食鹽1/2匙、右圖為醬油1/2匙。量匙高度的2/3約是「1/2匙」；高度為1/2時則相當於「1/3匙」。現在也可找到標示1/2匙刻度的量匙，另有1/2大匙和1/2小匙的量匙，用起來也很方便。

一小撮食鹽等少量計量的方法

用手指計量「少許」、「一小撮」和「極少量」食鹽時，由於每個人慣性抓取的量不同，可先用秤盤測量自己的「少許」和「一小撮」大約是幾公克。

少許

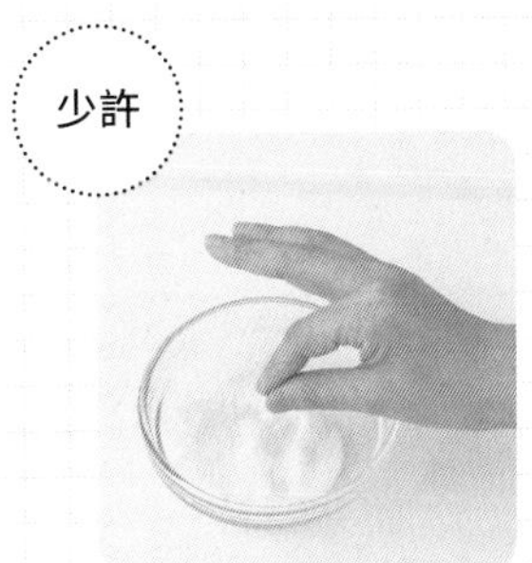

以大姆指和食指（即2指）抓取的量。以食鹽來說大約是0.5g。

一小撮

以大姆指、食指和中指（即3指）抓取的量。以食鹽來說大約是0.7～1.0g。

沒有秤盤時的好幫手，食材重量標準

雖然同一種蔬菜偶有個體差距明顯不同的情況，但販售的青椒和紅蘿蔔等通常有一定的規格，記住這些規格也方便於計量。本書食譜所記載的重量均為「淨使用量」，即剝除外皮等非食用部分後的重量。

肉

〈 雞肉 〉
（大腿和雞胸肉皆以此為標準）
1片＝200～300g

〈 豬肉薄切片 〉
1片＝20～25g

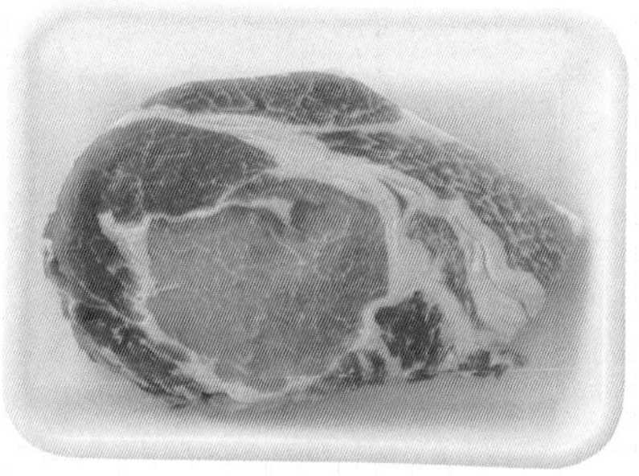

〈 肉排、炸豬排的肉片 〉
1片＝150g

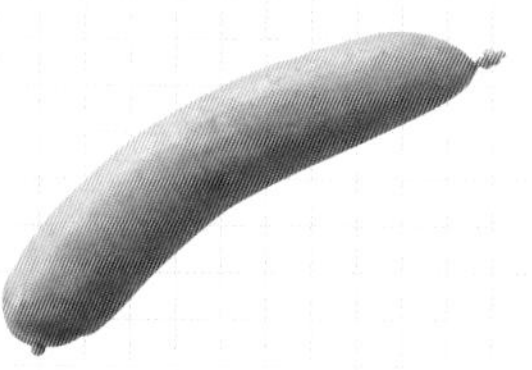

〈 香腸 〉
1根＝17～20g

〈雞翅 〉
1根＝60g（帶骨）

蔬菜

〈 小黃瓜 〉
1 根＝ 100g

〈 茄子 〉
1 根＝ 80g

〈 萵苣 〉
1 片＝ 30g
1 顆＝ 300g

〈 蕃茄 〉
1 顆＝
150 ～ 200g

〈 韮菜 〉
1 把＝ 100g

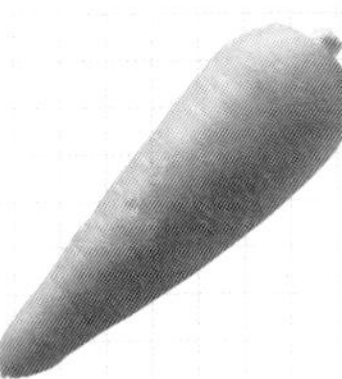

〈 紅蘿蔔 〉
1 根＝ 150 ～ 200g
1cm ＝ 10g

〈 高麗菜 〉
1 片＝ 50g
1 顆＝ 1200g

〈 小松菜 〉
1 把＝ 300g

〈 大白菜 〉
1 片＝ 100g
1 顆＝ 2000g

〈 豆芽菜 〉
1 袋＝ 250g

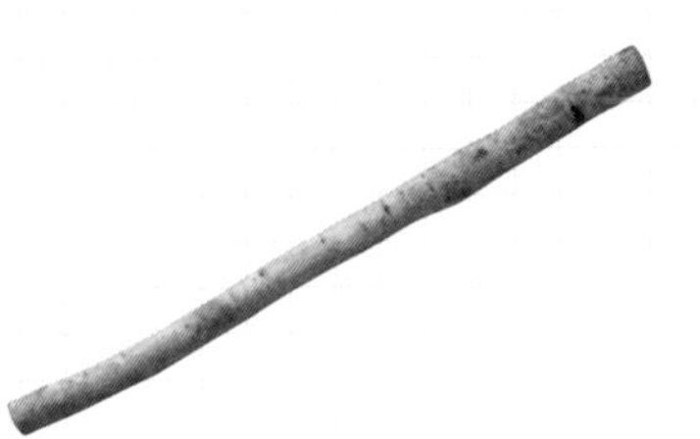

〈 牛蒡 〉
1 根＝ 150g

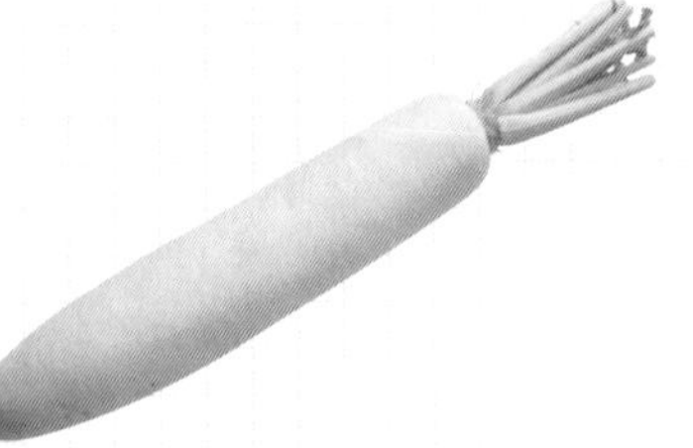

〈 白蘿蔔 〉
1 根＝ 1200g
1cm ＝ 25g

〈 菠菜 〉
1 把＝ 200g

蔬菜

〈 青椒 〉
1 個＝ 35g

〈 洋蔥 〉
1 顆＝ 200g

〈 南瓜 〉
1 顆＝ 1200g

〈 青花菜 〉
1 球＝ 15g
1 顆＝ 200g

〈 蓮藕 〉
1 節＝ 200g

〈 甜椒 〉
1 個＝ 120g

〈 番薯 〉
1 顆＝ 250g

〈 馬鈴薯 〉
1 顆＝ 150g

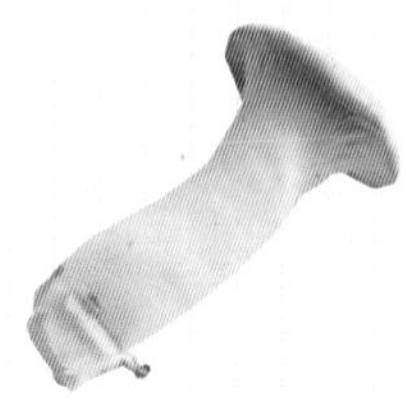

〈 杏鮑菇 〉
1 顆＝ 40g
1 袋＝ 100g

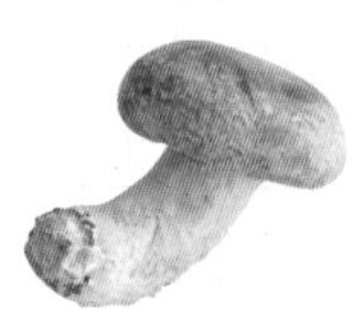

〈 香菇 〉
1 顆＝ 15g
1 袋＝ 100g

〈 金針菇 〉
1 袋＝ 100g

〈 舞菇（舞茸）〉
1 袋＝ 100g

〈 鴻喜菇 〉
1 袋＝ 100g

魚類

〈 鰤魚（青甘鰺）〉
1 塊切片＝ 80～100g

〈 蝦子 〉
1 隻＝ 10～40g

〈 鮭魚 〉
1 塊切片＝ 100g

其他

〈 雞蛋 〉
1 個（M）＝ 55g（不含殼）

〈 豆腐 〉
1 塊＝ 250 ～ 300g

〈 油豆腐〉
1 塊＝ 120 ～ 150g

〈 納豆 〉
1 盒＝ 40 ～ 50g

切菜方法

這裡列舉食譜裡經常會用到的切法，有許多獨特的稱呼，不妨順便記憶其名稱。

一口大小

切成容易入口的大小。

以馬鈴薯為例

→

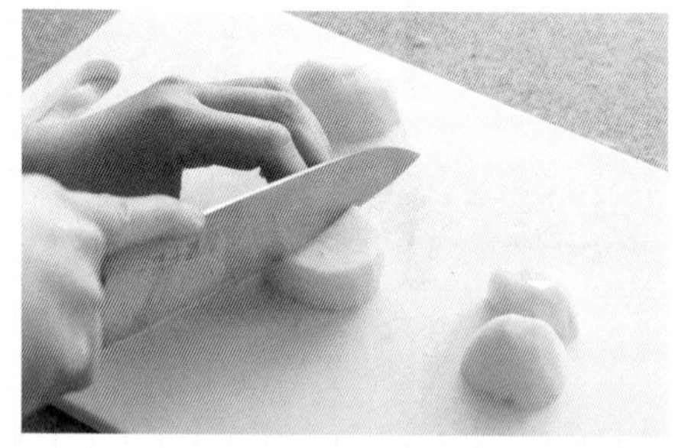

削皮後去芽，切半，再切成約3cm大小。中型馬鈴薯的話，大多切成6等分。

不規則形狀切法（滾刀塊）

此為有5個切面、尺寸約一口大的切法。擴張表面積有助於入味。

以紅蘿蔔為例

→

先從前端斜切成一口大小，稍做翻轉，從切面中央斜切成相同大小。

圓切

適用於切口呈圓形的食材，切時從食材前端下刀（刀與食材呈90度，直接下切）。

以紅蘿蔔為例

→

削皮去蒂，從前端（即細的一端）取相等的厚度直接下切。調整刀與食材的角度，斜向下切則為「斜切」。

半圓型切法

此為圓切對半切法。把切口呈圓形的食材縱切成半，再從前端下刀，這時切口呈半圓形，看來像半個月亮，在日本又有「半月切」之稱。

以紅蘿蔔為例

→

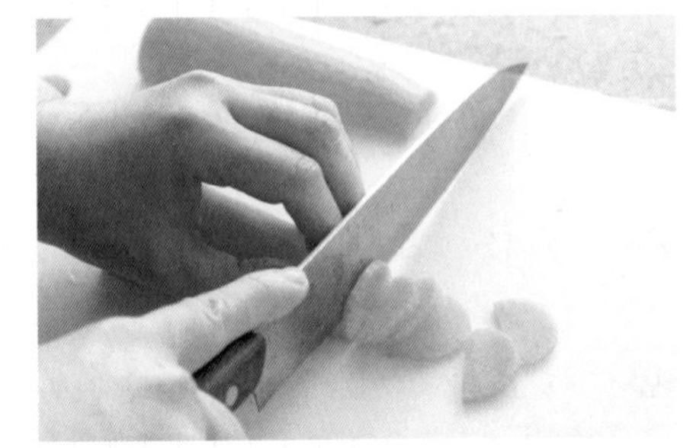

削皮後縱切成兩半，接著把切口朝下，從前端取相等的厚度直切而下。

銀杏葉切法（1/4 圓片）

此為半圓型對半切法。把切口呈圓形的食材縱切成4等分，再從前端切起。因切口看似銀杏葉而得此稱呼。

以紅蘿蔔為例

→

削皮後縱切成半，再對半縱切，最後形成4個長條。切口朝下，從前端取相等的厚度切成片。

切絲（細絲）

切成厚度在3mm以下的均等細長條狀切法。
切絲的厚度多於3mm的情況為「粗絲」。

以紅蘿蔔為例

→

1. 削皮後切成長度4～5cm的塊狀。

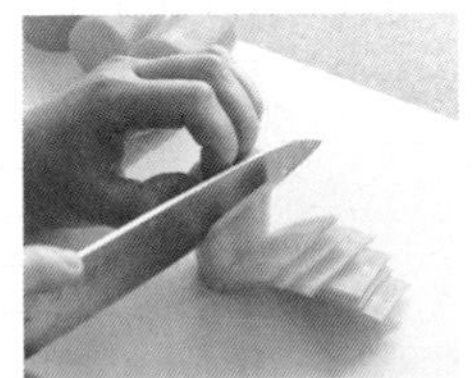

2. 將1.切成厚度為1～2mm的薄片。把切口朝下擺放再切可防止食材滾動。

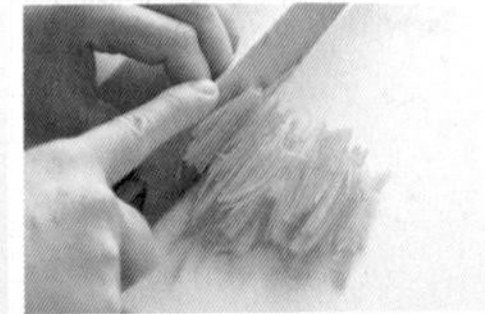

3. 把切好的薄片疊放，一字排開，再從側邊開始細切成絲（細絲的厚度在3mm以下）。

切末

將食材切成碎末的方法。切割間隔距離較大時，則形成顆粒稍粗的粗末。

以洋蔥為例

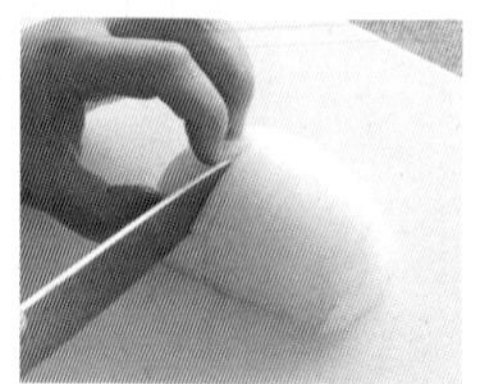

1. 先縱切成兩半，將切口朝下，沿纖維方向直下細切，但不可切斷根部。切得越細，最後形成的碎末就越細。

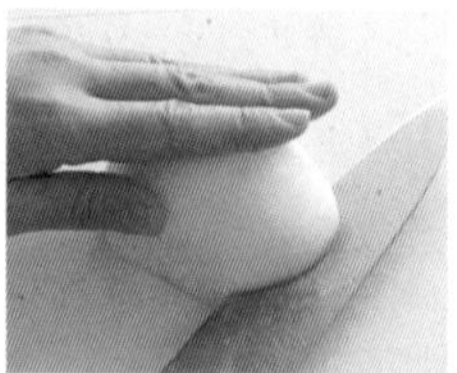

2. 把洋蔥轉90度，菜刀打平做2～3次橫向切割。

3. 立起刀子從側邊細切。

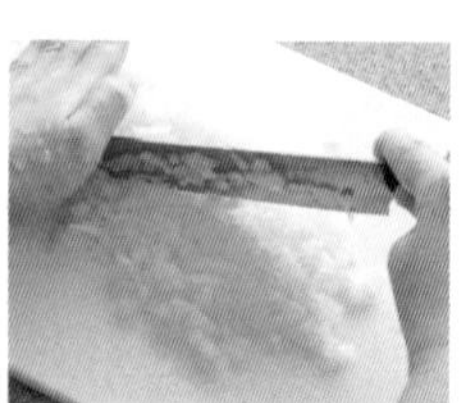

4. 想要切得更細時，一手輕壓刀尖的刀背，握住刀柄的手以上下移動的方式碎切。

用烘培紙自製內鍋蓋

1. 根據鍋子口徑大小裁切烘培紙。

2. 把較長的一邊對折後再對折。

3. 參照圖示，固定中心點，對折2次。

4. 把外邊剪成弧形，並在折線處剪出幾個透氣用的小三角形。

5. 展開後就變成中間有許多穿孔的圓面。

使用前先淋濕再扭乾，可確保紙鍋蓋完整貼覆在食材表面。

【料理的調味料比例、煮飯的米水比例】

※調味料比例均為容量比。

料理名稱（日語名稱）	高湯	醬油	味醂	清酒	砂糖	醋	備註
照燒鰤魚（ぶりの照り焼き）		1	1	1			鰤魚200g（大切片為2；小切片為4）。調味料各2小匙
厚燒蛋卷（厚焼き卵）	6		2		5		
筑前煮（筑前煮）	8	1	1		0.5		
日式滷肉（豚の角煮）	8	1	1				用燙豬肉的水充當高湯
日式煮魚（魚の煮付け）	4（水）	1	1	4	1		
鰤魚燉白蘿蔔（ぶり大根）	4（水）	1		4	1		
醋漬炸竹莢魚（あじの南蛮漬け）	2（水）	2	2		1	2	
醬煮南瓜（かぼちゃの煮物）	8（水）	1	1		0.5		300g南瓜的醬油用量為1大匙
蕪菁與油炸豆腐皮的煮浸（かぶと油揚げの煮びたし）	15	1	1				使用薄口醬油
燉煮蘿蔔絲（切り干し大根の煮物）	12	1	1		0.5		
親子丼（親子丼）	8	1		1	1		
牛肉丼飯（牛丼）	8	1		1	1		
肉燥（肉そぼろ）		1			1		
蛋鬆（卵そぼろ）	1		1		1		需添加食鹽
壽司醋（すし酢）					1	2	壽司醋用量為米飯重量的12%
關東風味素麵蘸醬－冷	4	1	1				
關西風味烏龍麵拌麵醬－冷	8	1（薄口）	0.5				使用薄口醬油。柴魚用量為高湯重量的2%
關東風味蕎麥麵湯汁－熱	20	1	1				
關西風味烏龍麵湯汁－熱	20	1（薄口）	0.5				使用薄口醬油。柴魚用量為高湯重量的2%
烤牛肉	食鹽用量為牛肉重量的0.8%＋0.2%的醬油＝鹽分濃度1%						牛肉500g、鹽4g、醬油2大匙
關東煮	鹽分濃度1%的湯汁（例如高湯1ℓ、鹽6g、醬油2小匙）						
烤魚	魚重量1%的鹽						
茶碗蒸	蛋和高湯的比例為1：3						
天婦羅	炸粉和水分（水＋蛋）的比例為1：1.1～1.2						
拌菜	100g的食材用1小匙的醬油調味						
白米飯	以「米180ml＋水＝360g」來調整水量						1杯米（180ml）的重量為150g
炊飯	以「米180ml＋水分（高湯、醬油、酒等）＝360g」調整水量						每1杯米（180ml）的醬油添加量為1大匙
醋飯	以「米180ml＋水分＝345g」來調整水量						

【主要調味料重量換算表】

調味料名稱	1 小匙（5 mℓ）	1 大匙（15 mℓ）= 3 小匙	1 杯（200 mℓ）	與水的比重
清酒	5g	15g	200g	1
葡萄酒	5g	15g	200g	1
醋	5g	15g	200g	1
醬油	6g	18g	230g	1.15
本味醂	6g	18g	230g	1.15
味醂風味調味料	6g	19g	250g	1.25
味噌	6g	18g	230g	1.15
粗鹽	5g	15g	180g	0.9
食鹽	6g	18g	240g	1.2
精製鹽	6g	18g	240g	1.2
上白糖	3g	9g	130g	0.65
白糖	4g	12g	180g	0.9
蜂蜜	7g	21g	280g	1.4
食用油	4g	12g	180g	0.9
玉米粉	2g	6g	100g	0.5
低筋麵粉	3g	9g	110g	0.55
高筋麵粉	3g	9g	110g	0.55
太白粉	3g	9g	130g	0.65
發粉（化學膨鬆劑）	4g	12g	150g	0.75
生麵包粉	1g	3g	40g	0.2
乾燥麵包粉	1g	3g	40g	0.2
起司粉	2g	6g	90g	0.45
芝麻	3g	9g	120g	0.6
美乃滋	4g	12g	190g	0.95
牛奶	5g	15g	210g	1.05

【主要調味料的鹽分含量標準】

調味料名稱	1 小匙的含鹽量	1 大匙的含鹽量
粗鹽	4.8g ≒ 5 g	14.5g
精製鹽	5.9g	17.8g
上白糖	0g	0g
本味醂	0g	0g
清酒	0g	0g
米酒	0.1g	0.3 g
一般醬油（濃口）	0.9g	2.6g
薄口醬油（薄口）	0.9g	2.9g
蘸麵醬（無需稀釋）	0.2g	0.5g
醋（米醋、穀物醋）	0g	0g
炸豬排醬	0.3g	1.0g
伍斯特醬	0.5g	1.5g
中濃醬	0.3g	1.0g
蕃茄醬	0.2g	0.5g
美乃滋	0.1g	0.3g
蠔油	0.7g	2.1g
米味噌（米麴發酵）	0.7g	2.2g
麥味噌（大麥麴發酵）	0.4g	1.1g
豆味噌（大豆麴發酵）	0.6g	1.9g
白味噌・甜味噌	0.6g	2.0g
豆瓣醬	1.1g	3.2g
起司粉	0.1g	0.2g
和風高湯顆粒	1.6g	4.9g
法式清湯顆粒	1.7g	5.2g
法式清湯塊	1 個＝ 2.3g	
中式高湯顆粒	1.9g	5.7g

日式家常菜的美味科學

家庭和食的配方×技巧×烹調原理全圖解

ロジカル和食

作者 前田量子
攝影 大井一範
翻譯 陳芬芳
責任編輯 張芝瑜
美術設計 郭家振
行銷企劃 謝宜瑾

發行人 何飛鵬
事業群總經理 李淑霞
副社長 林佳育
主編 葉承享
出版 城邦文化事業股份有限公司 麥浩斯出版
E-mail cs@myhomelife.com.tw
地址 104 台北市中山區民生東路二段 141 號 6 樓
電話 02-2500-7578
發行 英屬蓋曼群島商家庭傳媒股份有限公司城邦分公司
地址 104 台北市中山區民生東路二段 141 號 6 樓
讀者服務專線 0800-020-299（09:30 ～ 12:00; 13:30 ～ 17:00）
讀者服務傳真 02-2517-0999
讀者服務信箱 Email: csc@cite.com.tw
劃撥帳號 1983-3516
劃撥戶名 英屬蓋曼群島商家庭傳媒股份有限公司城邦分公司
香港發行 城邦（香港）出版集團有限公司
地址 香港灣仔駱克道 193 號東超商業中心 1 樓
電話 852-2508-6231
傳真 852-2578-9337
馬新發行 城邦（馬新）出版集團 Cite（M）Sdn. Bhd.
地址 41, Jalan Radin Anum, Bandar Baru Sri Petaling, 57000 Kuala Lumpur, Malaysia.
電話 603-90578822
傳真 603-90576622

總經銷 聯合發行股份有限公司
電話 02-29178022
傳真 02-29156275

製版印刷 凱林印刷傳媒股份有限公司
定價 新台幣 399 元／港幣 133 元
ISBN 978-986-408-794-5
2022 年 3 月初版一刷 · Printed In Taiwan

國家圖書館出版品預行編目（CIP）資料

日式家常菜的美味科學：家庭和食的配方 X 技巧 X 烹調原理全圖解 / 前田量子著；陳芬芳譯. -- 初版. -- 臺北市：城邦文化事業股份有限公司麥浩斯出版：英屬蓋曼群島商家庭傳媒股份有限公司城邦分公司發行，2022.03
面； 公分
譯自：ロジカル和食
ISBN 978-986-408-794-5（平裝）

1.CST: 食譜 2.CST: 烹飪 3.CST: 日本

427.131 111002793